FORSCHUNGSBERICHTE DES LANDES NORDRHEIN-WESTFALEN

Nr. 3139 / Fachgruppe Umwelt/Verkehr

Herausgegeben vom Minister für Wissenschaft und Forschung

Dipl.-Ing. Fuad Shibli

Institut für Kraftfahrwesen
der Rhein.-Westf. Techn. Hochschule Aachen

Direktor: Prof. Dr.-Ing. Jürgen Helling

Bestimmung der Sitzposition und Körperhaltung von Zweiradfahrern für charakteristische Zweirad-Fahrerplatzkonfigurationen

Westdeutscher Verlag 1982

CIP-Kurztitelaufnahme der Deutschen Bibliothek

Shibli, Fuad:
Bestimmung der Sitzposition und Körperhaltung von Zweiradfahrern für charakteristische Zweirad-Fahrerplatzkonfigurationen / Fuad Shibli. - Opladen : Westdeutscher Verlag, 1982.
(Forschungsberichte des Landes Nordrhein-Westfalen ; Nr. 3139 : Fachgruppe Umwelt, Verkehr)
ISBN 978-3-531-03139-2
NE: Nordrhein-Westfalen: Forschungsberichte des Landes ...

ISBN 978-3-531-03139-2 ISBN 978-3-322-87712-3 (eBook)
DOI 10.1007/978-3-322-87712-3

Herstellung: Westdeutscher Verlag
Druck und buchbinderische Verarbeitung:
Lengericher Handelsdruckerei, 4540 Lengerich

Inhalt

1. Einleitung

Bis Mitte der fünfziger Jahre galt das Kraftrad als reines Fortbewegungsmittel. Im Zuge der wirtschaftlichen Entwicklung konnten viele Menschen ihr Kraftrad durch einen Personenwagen ersetzen. Dies führte dazu, daß der Kraftradbestand in Deutschland bis zum Jahre 1972 rapide abnahm (Diagramm 1.1 /12/).

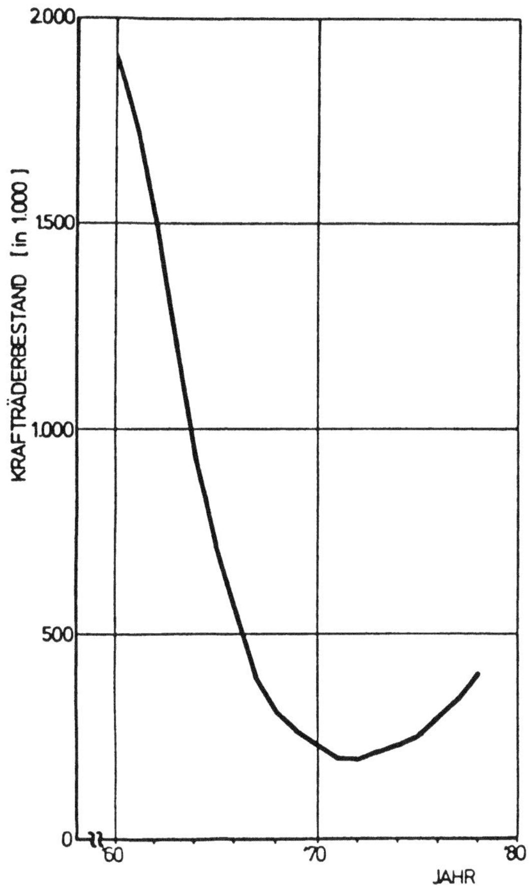

Diagramm 1.1: Krafträderbestand in der Bundesrepublik

Anfang der siebziger Jahre wurde das Kraftrad als Freizeitobjekt wiederentdeckt. Der Kraftradbestand verdoppelte sich von 1972 bis 1978 auf ca. 400 Tausend. In den Jahren 1979 und 1980 sind weitere 220 Tausend Krafträder neu zugelassen worden /10/.
Eine zeitlich verschobene Entwicklung war bei der Erteilung der Führerscheine Klasse I zu verzeichnen (Diagramm 1.2 /12/). Hier

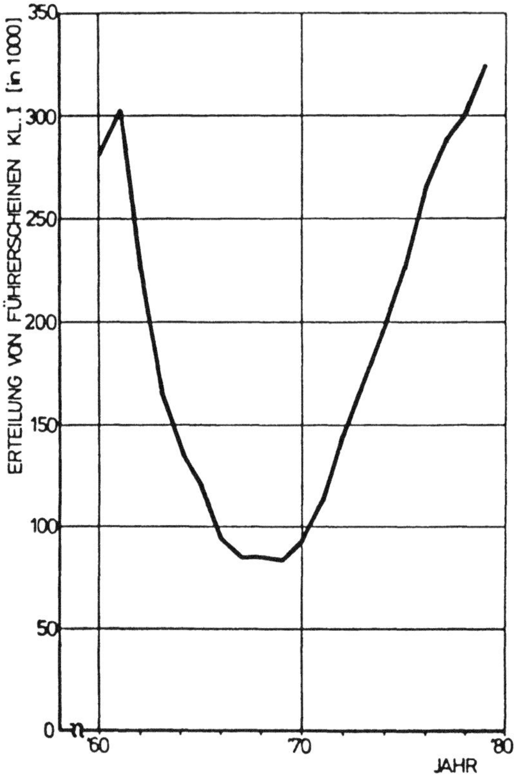

Diagramm 1.2: Erteilungszahlen von Führerscheinen der Klasse I

sind wie bei der Entwicklung des Motorradbestandes in den siebziger Jahren große Zuwachszahlen feststellbar. Ein besonders interessanter Aspekt ist in diesem Zusammenhang der Erwerb des Führerscheins Klasse I durch Frauen. In den vergangenen 10 Jahren hat sich der Anteil kraftradfahrender Frauen um das 50-fache auf 50 Tausend gesteigert.

Parallel zu dieser Entwicklung sind auch die Unfallzahlen gestiegen. So liegt die Zahl der 1977 tödlich verunglückten Motorrad-, Moped-, Mokick- und Mofafahrer mit 2152 um 43 % höher als 1967. Die entsprechende Zahl der verletzten Fahrer liegt mit 86178 sogar um 73% höher /12/.

Eine Betrachtung der technischen Erneuerungen auf dem Motorradsektor läßt erkennen, daß diese sich fast ausschließlich auf Verbesserungen der Motoren- und Fahrwerkstechnik beschränkten. Es wurden immer schnellere, stärkere und großvolumigere Maschinen gebaut und verkauft, wobei diese Maschinen von dem Motorradfahrer nicht immer beherrscht werden konnten. Es ist unübersehbar, daß es zu wenig Motorräder gibt, die den anthropometrischen Gegebenheiten der weiblichen Fahrer gerecht sind. D.h. die Motorräder haben in der Regel für weibliche Fahrer zu hohe Sitzbänke und zu große Abstände zwischen den Lenkeramaturen. Das Gewicht des Motorrades selbst ist außerdem für den Motorradfahrer oft zu hoch.

Während die Ergonomie im Automobilbau soviel an Bedeutung gewonnen hat, daß die Autos inzwischen nach ergonomischen Gesichtspunkten um den Menschen konzipiert und gebaut werden, ist im Motorradbau noch eindeutig festzustellen, daß die Anpassung der Motorräder an den Fahrer und seine physischen und psychologischen Gegebenheiten nur unzureichend berücksichtigt wurde.

Die hohe physische Belastung des Motorradfahrers durch den schlechten Fahrkomfort /15/, sowie die Wind- und Witterungseinflüsse wirken sich negativ auf seine Leistungsfähigkeit und damit auch auf die allgemeine Unfallbilanz von Motorradfahrern aus. Durch eine ergonomische Anpassung des Motorrades bzw. des Motorrad-Fahrerplatzes an die Motorrad-Fahrerpopulation und die damit verbundene Reduzierung der Belastung des Fahrers, kann eine positive Beeinflussung der hohen Unfallzahlen von Zweiradfahrzeugen erwartet werden.

2. Problemdefinition und Aufgabenstellung

Die zunehmende Beliebtheit des Motorrades als Freizeitobjekt kann an einer Tatsache nichts ändern: der Fahrerplatz ist wegen der damit verbundenen vielfältigen Regel- und Steuertätigkeiten ein Arbeitsplatz. Die Besonderheit dieses Platzes ist die starke Fesselung des Fahrers mit seinen Extremitäten und seinem Kopf in bestimmten Stellungsbereichen, die zusammen mit der Bereitschaft zu schnellen Reaktionen eine völlige Entspannung unmöglich macht. Diese Fesselung ist stärker als an jedem stationären Arbeitsplatz /14/.

Unter dem Ziel der Humanisierung der Arbeitswelt stellt die Anpassung des Arbeitsplatzes an den Menschen und seine Fähigkeiten die zentrale Aufgabe dar. Ausgangspunkt für die Gestaltung des Arbeitsplatzes ist dessen geometrische Auslegung entsprechend den Maßen des Menschen und deren Variationsbreite, wobei von funktionalen Körpermaßen in der für den Arbeitsplatz charakteristischen Körperhaltung auszugehen ist.

2.1 Bedeutung der Ergonomie am Arbeitsplatz

Die Körpermaße des Menschen als Benutzer eines technischen Systems hängen von mehreren Faktoren wie Geschlecht, Alter, Nationalität und sozialer Schicht ab. Da das technische System in der Regel nicht nur von einem bestimmten Menschen benutzt wird, muß dies dann für eine Benutzerpopulation, im Fahrzeugbau Fahrerpopulation, ausgelegt werden.

Betrachtet man die Körpergrößen der Menschen, so stellt man fest, daß diese aufgrund der unterschiedlichen Körpergrößen von Männern und Frauen zwei auf der x-Achse verschobene Gaußverteilungen ergeben (Diagramm 2.1) /3/. Die Fläche unter der Kurve ergibt ihre Summenhäufigkeit. Ausgehend von einem Summenhäufigkeitswert (Perzentil), z.B. dem 5-ten Perzentil für Frauen (Summenhäufigkeit = 5 %) erhält man die Größe der 5 %-Frau = 151 cm. Entsprechend kann dies für weitere Körpermaße wie Schulterbreite, Oberarmlänge usw. ermittelt werden. Eine 5 %-Frau ist dann eine Frau, deren Körpermaße von nur 5 % aller Frauen unterschritten werden.

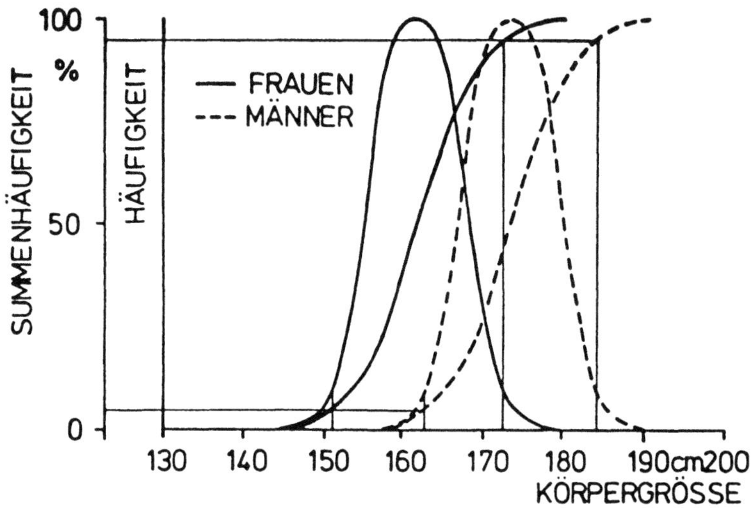

Diagramm 2.1: Verteilung der Körpergrößen erwachsener Frauen und Männer (16-60 Jahre) nach DIN 33402

Bei der geometrischen Auslegung von Arbeitsplätzen müssen die Körpergrößen der entsprechenden Benutzerpopulation berücksichtigt werden. So werden die Arbeitsplätze in Kampfflugzeugen nur für mittelgroße bis große Männer ausgelegt. Im Automobilbau wird die Fahrerpopulation 5 %-Frau bis 95 %-Mann zugrunde gelegt /2/.

Ein wichtiger Grund für die mangelnde Erforschung und Berücksichtigung der Ergonomie in der Motorradtechnik liegt in der Motorradtechnik selbst begründet. Die technisch wissenschaftliche Analyse wird weitgehend erschwert durch den dominierenden Einfluß des Fahrers auf das Gesamtsystem Fahrer-Fahrzeug und die Vielzahl der auf das Fahrverhalten einwirkenden Kräfte, die in ihrer Komplexität nur schwer vollständig zu erfassen sind. Daß eine Übertragung von Forschungsergebnissen aus dem Automobilbau auf den Motorradbau nur sehr begrenzt möglich st, soll folgende Auflistung der wesentlichsten Unterschiede zwischen Automobil und Motorrad zeigen /1/:

a) Der Fahrer ist nicht nur Transportgut, sondern mit seinem Gewicht (Anteil zwischen 25 und 60 %), seinen steuernden Relativbewegungen und seiner Luftangriffsfläche integrierter Bestandteil der Kombination von Mensch und Fahrzeug.

b) Das Einspurfahrzeug ist wegen seiner rein dynamischen Stabilisierung nur in einem sehr begrenzten Bereich eigenstabil.

c) Der Schwerpunkt liegt im Verhältnis zum Radstand rund doppelt so hoch wie beim Automobil.

d) Das Verhältnis von gefederter zur nur reifengefederten Masse ist sehr ungünstig und verursacht einen schlechten Fahrkomfort, der den ohnehin schon stark physisch und psychisch belasteten Fahrer weiter belastet.

Aus dieser Aufschlüsselung wird deutlich, welch entscheidenden Faktor der Fahrer im Gesamtsystem darstellt und welche Bedeutung einer ergonomischen Fahrerplatzgestaltung zukommt.

Eine allgemeine Betrachtung der Motorrad-Fahrerpopulation läßt erkennen, daß Motorräder zum größten Teil von Männern gefahren werden. Die Motorrad-Fahrerpopulation hat auch eine größere Körperlänge als die normale statistische Fahrerpopulation von Personenkraftwagen. Dies liegt daran, daß heutige Motorräder den anthropometrischen Abmessungen der kleineren Menschen nicht angepaßt sind.

Um dies zu untersuchen, wurde vom Institut für Kraftfahrwesen der TH Aachen eine Befragung von Motorradfahrern durchgeführt. Ziel dieser Befragung war es, Meinungstendenzen der Motorradfahrer zu erfassen und nicht unbedingt genaue repräsentative Werte zu erhalten.

Im Rahmen dieser Befragung wurden 182 Motorradfahrer und -fahrerinnen (5 % Frauen) erfaßt. In Diagramm 2.2 sind die Häufigkeit und die Summenhäufigkeit der Körpergröße der befragten Fahrer dargestellt. Aus diesem Diagramm ist zu entnehmen, daß 5 % der Befragten kleiner sind als 167,6 cm, daß 50 % kleiner als 178 cm und daß 95 % von ihnen kleiner sind als 189,2 cm. Vergleicht man diese Zahlen mit den Körpergrößen des 5 %-, des 50 %- und des 95 %-Mannes aus Diagramm 2.1 (162,9 cm, 173,3 cm und 184,1 cm), so stellt man fest, daß die befragten Fahrer um etwa 5 cm größer sind als die statistische männliche Fahrerpopulation, was die vorher getroffene Behauptung bestätigt.

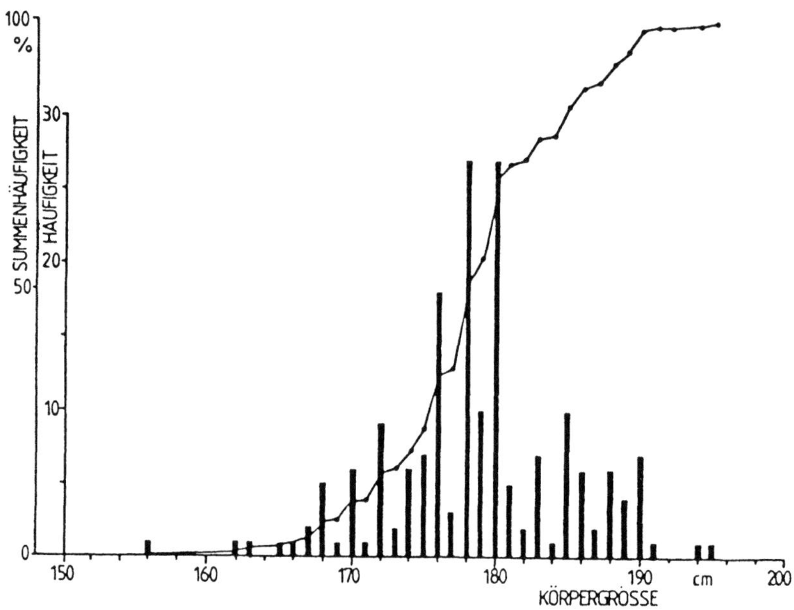

Diagramm 2.2: Körpergrößen befragter Motorradfahrer

Weiterhin wurden die Motorradfahrer nach ihrer Beurteilung der Fahrerplatzgestaltung ihrer Motorräder befragt.
In Diagramm 2.3 ist zunächst die Häufigkeit der gefahrenen Motorradfabrikate dargestellt. Die meisten Motorräder stammen aus den fünf auf dem deutschen Markt am stärksten vertretenen Firmen.

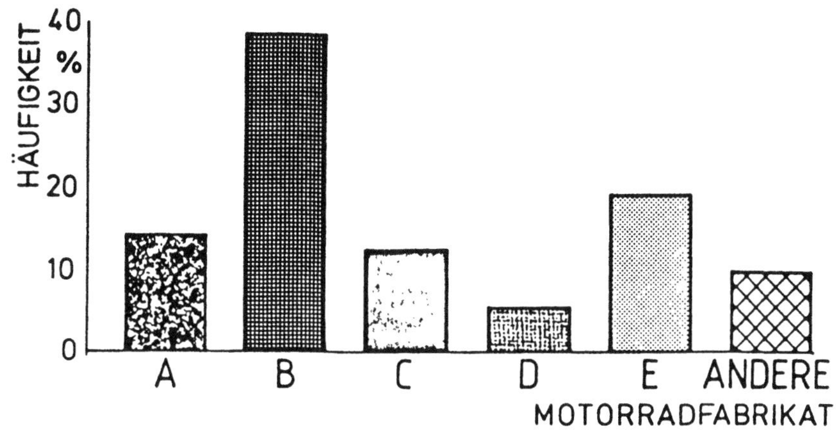

Diagramm 2.3: Verteilung der gefahrenen Motorräder nach Fabrikat

Auf die Frage nach Änderungen an der Fahrerplatzgestaltung bzw. -geometrie gaben ca. 40 % der Fahrer an, Änderungen an der Sitzbank, am Lenker, an den Fußrasten sowie an den Hand- und Fußbedienelementen durchgeführt zu haben. Diagramm 2.4 zeigt, daß während nur 20 % der Motorradfahrer der Marke A Änderungen an der Fahrerplatzgestaltung ihrer Maschine durchgeführt haben, es bei den Fahrern der Marke D 60 % waren.

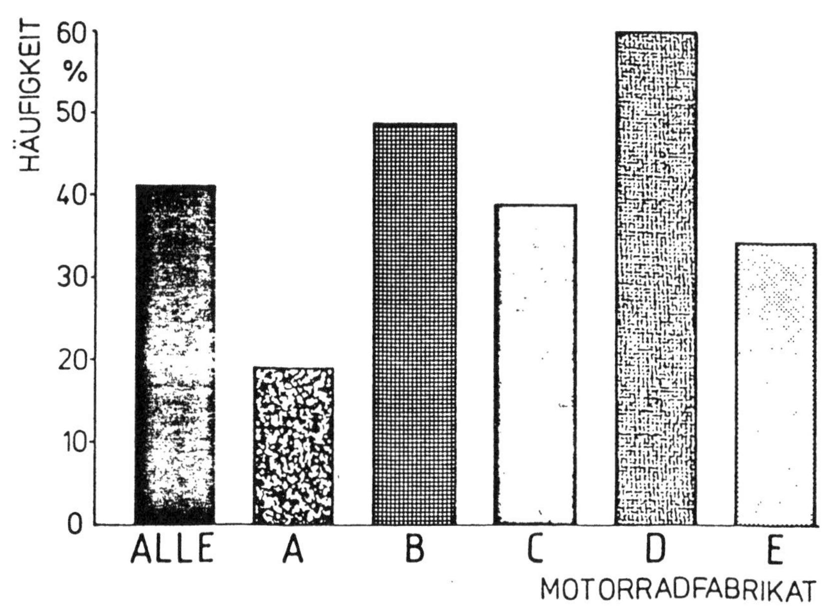

Diagramm 2.4: Häufigkeit der Änderungen an der Fahrerplatzgestaltung

Als Grund für die Änderungen an der Fahrerplatzgestaltung gaben im Durchschnitt 31 % der Fahrer an, die Änderungen zur Anpassung des Motorrades an den Fahrer durchgeführt zu haben (Diagramm 2.5).

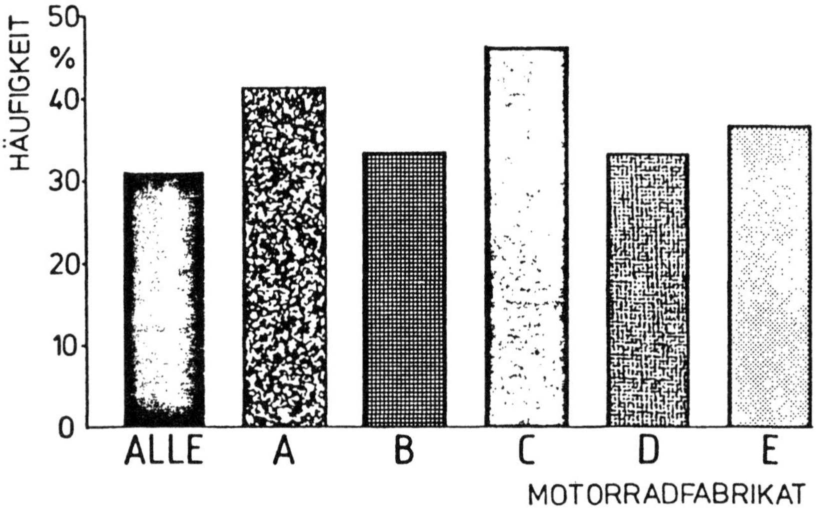

Diagramm 2.5: Häufigkeit des Änderungsgrundes "Anpassung an den Fahrer"

Bei der Befragung wurde außerdem festgestellt, daß sich viele Fahrer an die vorgegebene Fahrerplatzgestaltung gewöhnt und sich damit abgefunden haben. Dies wurde bei der Frage nach der Beurteilung der durch die vorgegebene Fahrerplatzgestaltung einzunehmenden Sitzposition und der entsprechenden Körperhaltung festgestellt.

In Diagramm 2.6 sind die Befragungsergebnisse nach der Beurteilung der Sitzposition und der Körperhaltung des Fahrers auf dem eigenen Motorrad dargestellt. Nach diesem Diagramm beurteilen 33 % der Fahrer ihre Sitzposition und Körperhaltung auf eigenem Motorrad mit verbesserungsbedürftig und 3 % mit schlecht. Die Motorradfahrer der Marke D beurteilen diese sogar zu 70 % mit verbesserungsbedürftig.

Diese Ausführungen lassen erkennen, daß der Fahrerplatz als Arbeitsplatz für den Motorradfahrer im Hinblick auf sein Wohlbefinden und damit auf seine aktive Sicherheit von besonderer Bedeutung ist. Die Auslegung des Motorrad-Fahrerplatzes sollte daher unter Berücksichtigung der gesamten Fahrerpopulation von der 5% Frau bis 95% Mann erfolgen. Hierbei kann, wie im Auto-

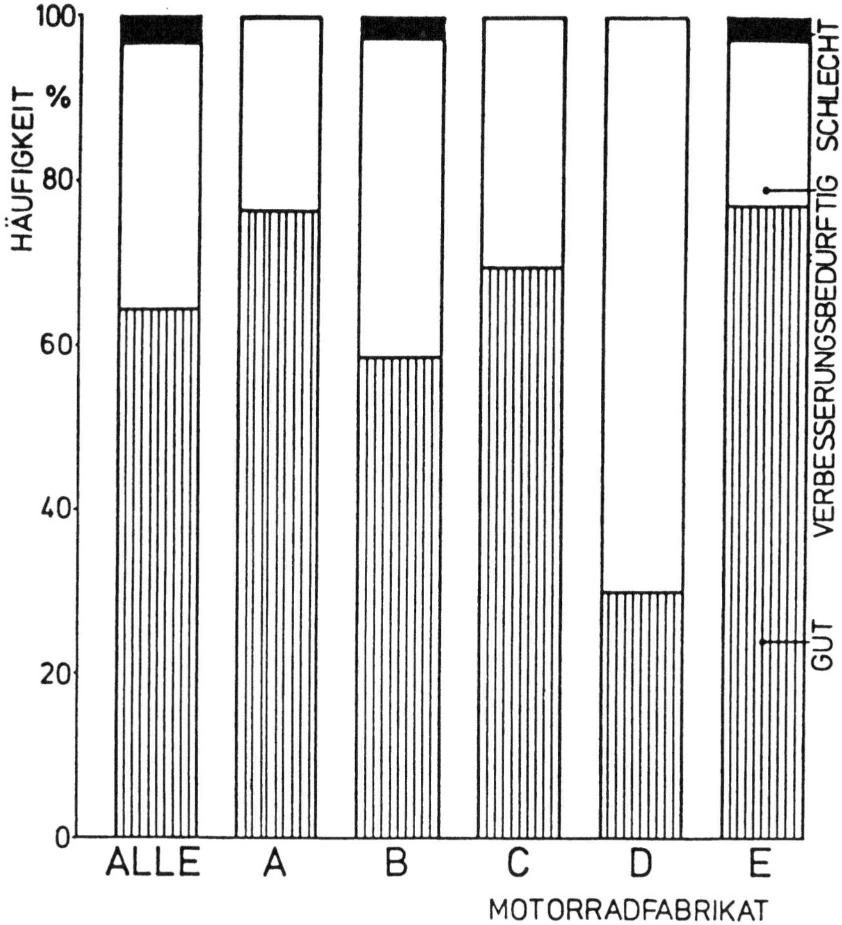

Diagramm 2.6: Beurteilung der Sitzposition und Körperhaltung

mobilbau, so verfahren werden, daß die Elemente, die die Sitzposition und die Körperhaltung des Fahrers beeinflussen, wie beispielsweise Sitzbank, Lenker und Fußrasten, verstellbar ausgeführt werden. Damit kann eine bessere Anpassung des Arbeitsplatzes an den Fahrer erreicht werden.

2.2 Aufgabenstellung

Sitzposition und Körperhaltung des Zweiradfahrers hängen im wesentlichen von den Körpermaßen, der Sitzbankgeometrie, der relativen Lage des Lenkers und der Fußrasten zur Sitzbank und vor allem von der Art des Zweirades selbst ab. So unterscheidet sich die Körperhaltung des Radfahrers, der zur Bewegung seines Fahrrades Muskelarbeit leisten muß von der Körperhaltung des Fahrers motorisierter Zweiräder. Da die Körperhaltung des Fahrradfahrers hinreichend untersucht und dokumentiert wurde /9/, erfolgt im Rahmen dieses Forschungsprojektes eine Beschränkung auf die Untersuchung der Sitzposition und der Körperhaltung der Fahrer motorisierter Zweiräder.

Während die Körperhaltung des Pkw-Fahrers soweit untersucht wurde, daß die verschiedensten Daten über die optimalen Sitzpositionen, die Komfortwinkel und die Augenlagen vorliegen und im Automobilbau auch berücksichtigt werden /17/, /19/, /20/, /24/, /28/, wurde die Sitzposition und die Körperhaltung des Motorradfahrers bis jetzt wissenschaftlich nicht untersucht. Es gibt außer Empfehlungen über Breite und Länge der Fahrersitzbank keine Vorschriften und keine Standards, die eine ergonomische Gestaltung des Fahrerplatzes bewirken. Der Motorrad-Fahrerplatz wird daher heute noch nach fahrdynamischen und aerodynamischen und nicht nach ergonomischen Gesichtspunkten konzipiert.

Aufgabe dieses Forschungsprojektes ist es, die Sitzposition und die Körperhaltung des Motorradfahrers für repräsentative Motorrad-Fahrerplatzkonfigurationen zu bestimmen. Durch genaue Untersuchungen anhand unterschiedlicher Fahrerpopulationen und unter reproduzierbaren Versuchsbedingungen mit einer Meßpuppe, sollen die Lagen der charakteristischen Körperpunkte des Fahrers, wie Augenpunkt, Schulterpunkt, Hüftpunkt und Kniepunkt, ermittelt und integral erfaßt werden. Weiterhin werden die Winkel zwischen den wichtigsten Körpergliedern des Fahrers gemessen und dokumentiert. Abschließend sollen die Körperhaltungen von Motorradfahrer und Pkw-Fahrer verglichen werden.

2.3 Arbeitsablauf

Die im Rahmen dieses Forschungsprojektes durchzuführenden Arbeiten lassen sich in die folgenden, teilweise parallel ablaufenden Arbeitsphasen gliedern:

Phase 1:

Bau einer dreidimensionalen Motorrad-Meßpuppe und einer geeigneten Meßvorrichtung.
Zur Simulation der Sitzposition und Körperhaltung des Motorradfahrers wird eine Meßpuppe konstruiert und gebaut, die sowohl die

Körpermaße und Körpergliedergewichte als auch die Bewegungsfreiheitsgrade der Körperglieder der Motorrad-Fahrerpopulation von 5 % Frau bis zum 95 % Mann besitzt.

Zur Messung der Lage der charakteristischen Körperpunkte an der Meßpuppe für die unterschiedlichsten Motorrad-Fahrerplatzkonfigurationen wird weiterhin eine Meßvorrichtung gebaut, mit der die räumlichen Lagen dieser Punkte erfaßt werden können.

Phase 2:

Ermittlung von Sitzposition und Körperhaltung

Die Ermittlung der Sitzposition und Körperhaltung des Motorradfahrers soll für vier repräsentative Motorräder erfolgen, die vorher nach bestimmten definierten Kriterien ausgewählt werden.

Für die vier festgelegten Fahrerplatzkonfigurationen werden zunächst mit Hilfe einer photographischen Meßmethode und anhand einer bestimmten Anzahl von Motorradfahrern die charakteristischen Sitzpositionen und Körperhaltungen sowohl im Fahr- als auch im Laborversuch ermittelt. Im Rahmen der Fahrversuche soll vor allem der Einfluß der Fahrgeschwindigkeit auf die Sitzposition und die Körperhaltung untersucht werden. Weiterhin soll überprüft werden, inwieweit Fahr-Sitzposition und -Körperhaltung mit denen im Labor übereinstimmen.

Mit Hilfe der Motorrad-Meßpuppe sollen dann unterschiedliche Sitzpositionen und Körperhaltungen so simuliert werden, daß auch Werte und Größen, die bei der photographischen Vermessung der Motorradfahrer nicht ermittelt werden konnten, erfaßt werden.

Phase 3:

Auswertung der Meßergebnisse

Die anhand der photographischen Vermessung und der Messungen mit der Motorrad-Meßpuppe ermittelten Ergebnisse sollen soweit ausgewertet werden, daß sowohl die Lagen der charakteristischen Körperpunkte und die Größen der Körperwinkel als auch vorhandene Zusammenhänge und Tendenzen klar definiert werden können. Die Lagen der Körperpunkte der Motorradfahrer werden integral erfaßt. Dies bedeutet, daß die Verteilung der gemessenen Körperpunkte so beschrieben wird, daß Variationen der Körpergröße und der Körperhaltung gleichermaßen berücksichtigt werden. Die Lagen der charakteristischen Körperpunkte werden als Ellipsen dargestellt, die die Lagenhäufigkeitsverteilung dieser Punkte angeben. Weitere Zusammenhänge, wie z.B. die Änderung von Knie- und Hüftwinkel in Abhängigkeit von der Hüftpunktlage, werden zusätzlich berechnet und als Kurven dargestellt.

Abschließend sollen die gewonnenen Ergebnisse aus den Fahrer- mit denen aus den Meßpuppenmessungen einerseits und diese andererseits mit denen des Pkw-Fahrers verglichen werden.

3. Bau einer dreidimensionalen Motorrad-Meßpuppe und einer entsprechenden Meßvorrichtung

Zur Simulation der Sitzpositionen und Körperhaltungen der statistischen Fahrerpopulation von der 5 % Frau bis zum 95 % Mann wird im Rahmen der ersten Arbeitsphase eine Motorrad-Meßpuppe und eine geeignete Meßvorrichtung konstruiert und gebaut.

3.1 Die Motorrad-Meßpuppe

Wichtigstes Ziel bei der Konstruktion und beim Bau der Meßpuppe war die genaue Nachbildung des menschlichen Körpers in seinen geometrischen Abmessungen, seinem Gewicht und seinen Bewegungsfreiheitsgraden und -umfängen. Als Vorbild hierzu wurde der Mensch selbst und die dreidimensionale Hüftpunkt-Meßpuppe für das Automobil /20/ herangezogen.

3.1.1 Anforderungen an die Motorrad-Meßpuppe aus anatomischer Sicht

Zur Festlegung der Bewegungsfreiheiten und -umfänge sowie der Funktion der Meßpuppenglieder bzw. -gelenke wurde eine eingehende Funktionsanalyse des menschlichen Körpers anhand der einschlägigen medizinischen Literatur durchgeführt.

Der menschliche Körper ist aus funktionell-mechanischen Gründen als eine Serie von funktionellen Segmenten anzusehen, die zusammen eine Art Kettensystem bilden /25/. Jedes Segment besitzt sowohl einen eigenen Schwerpunkt als auch einen eigenen Drehpunkt, wobei das Becken als Ausnahme zwei Drehpunkte aufweist /16/ (Bild 3.1).

Bild 3.1 : Segmente des menschlichen Körpers

Zur Herleitung der konstruktiven Maßnahmen zum Bau der Meßpuppe werden zunächst der Aufbau und die Funktion der einzelnen Elemente (Gelenke, Knochen, etc.) dargestellt und die Bewegungsmöglichkeiten und -umfänge innerhalb der einzelnen Segmente aufgezeigt.

Im einzelnen werden folgende Segmentgruppen analysiert:

- Obere Extremitäten.
- Kopf, Wirbelsäule.
- Untere Extremitäten.

3.1.1.1 Die oberen Extremitäten

Die oberen Extremitäten umfassen den Schultergürtel mit den Schultergelenken, die Arme mit den Ellenbogengelenken und die Hände mit den Handgelenken.

Die große Bewegungsfreiheit des Schultergürtels ist dadurch zu erklären, daß er im Gegensatz zum Beckengürtel nicht direkt mit der Wirbelsäule verbunden ist. Im Bereich des Schultergürtels sind zwei gelenkige Verbindungen auf jeder Körperseite vorhanden, das innere und das äußere Schlüsselbeingelenk. Diese beiden Gelenke ergänzen sich im Bewegungsablauf und bilden, da sie durch keinerlei Knochen oder Bandführungen eingeengt sind, das freibeweglichste Gelenk des menschlichen Körpers.

Die im einzelnen durchführbaren Bewegungen sind:

a) Heben und Senken des Armes in Schulterblattebene
b) Vor- und Rückschwingen in einer senkrecht zur Schulterblattebene stehenden Ebene
c) Drehen der Arme im Schultergelenk um seine Längsachse nach außen und innen /26/

Der Bewegungsumfang des Vor- und Rückschwingens des Armes aus der Normalstellung ist nach vorn bis ca. 170° nach hinten bis ca. 50° möglich. Die Innen- und Außenrotation des Armes um seine Längsachse im Schultergelenk beträgt insgesamt ca. 165° /18/. Dieser Bewegungsumfang kann jedoch erweitert werden, wenn die Innen- und Außenrotation der Hand im oberen und unteren Ellenspeichengelenk hinzugerechnet wird (ca. 310°) /26/. Durch den Einsatz der Schlüsselbeingelenke kann ein maximaler Bewegungsumfang von 360° erreicht werden, der aber für den Motorradfahrer nicht relevant ist.

Das Ellenbogengelenk unterteilt sich bei näherer Betrachtung in drei Teilgelenke:

a) Oberarm-Ellengelenk
b) Oberarm-Speichengelenk
c) Oberes Speichen-Ellengelenk /26/

Das Erstere ist ein reines Winkelgelenk, das durch seine starre Führung nur die Beuge- und Streckbewegung zuläßt. Von der völligen Streckung des Armes (180°) ist eine Bewegung bis 35° /18/ möglich, die durch die jeweilige Oberarmmuskulatur begrenzt wird.

Das Oberarm-Speichengelenk hat die Aufgabe, die Bewegung der Elle der Speiche folgend möglich zu machen. Daraus folgen zwei Freiheitsgrade: Beugen und Strecken, wie beim ersten Teilgelenk - und Drehen des oberen Speichenendes auf dem Oberarmbein (Drehwinkel-Gelenk) /26/.

Das dritte Teilgelenk des Ellenbogens stellt ein Zapfengelenk dar, das, zusammen mit dem unteren Speichengelenk, die Umwendebewegung der Hand ermöglicht, aber keine Funktion bezüglich der Beuge- und Streckbewegung hat. Für die Umwendebewegung der Hand werden je nach Beugung des Ellenbogengelenkes entweder nur das Speichen-Ellengelenk eingesetzt - bei 90° gebeugtem Arm ca. 130°-140° /26/ - oder bei gestrecktem Arm durch das Schultergelenk ergänzt (Bild 3.2).

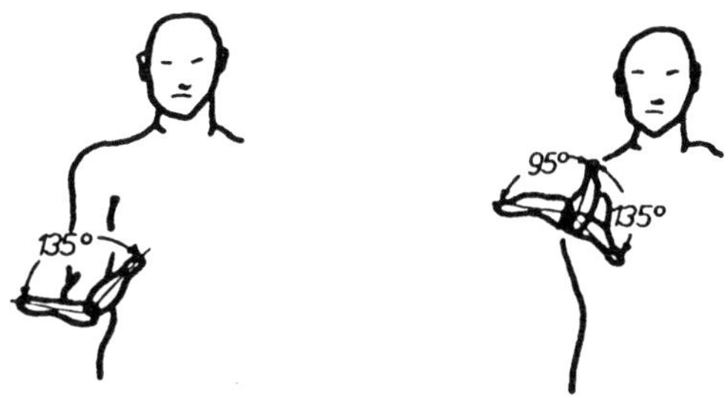

Bild 3.2 : Bewegungsumfang der Ellen- und Speichengelenke

Die Bewegungsabläufe der Hand lassen sich im wesentlichen durch vier Bewegungsarten unterteilen:

a) Kreiselbewegung - durch die Innen- und Außenrotation in beiden Ellen- und Speichengelenken
b) Abwinkeln der Hand gegen den Unterarm
c) Seitliches Abwinkeln der Hand gegen den Unterarm
d) Kreisen der Hand durch eine aus b + c zusammengesetzte Bewegung /26/.

Die für die statische Handhaltung wichtigen Bewegungen b) und c) ergeben aus der Nullage für die Bewegung b) 50° nach oben und 60° nach unten und für die Bewegung c) 20° nach innen und 30° nach außen /18/ (Bild 3.3) als maximal mögliche Bewegungsausschläge.

Wie die Beschreibung der Gelenke der oberen Extremitäten zeigt, ist eine Vereinfachung der komplexen Bewegungsabläufe des Arm- und Handapparates unbedingt notwendig, da erst die Auflösung der Gelenkfunktionen in einfache, voneinander getrennte Bewegungsabläufe überschaubare, unkomplizierte Messungen ermöglicht.
So kann z.B. das Schultergelenk, das als ein Kugelgelenk aufzufassen ist, durch den Einsatz eines kardanähnlichen Gelenkes,

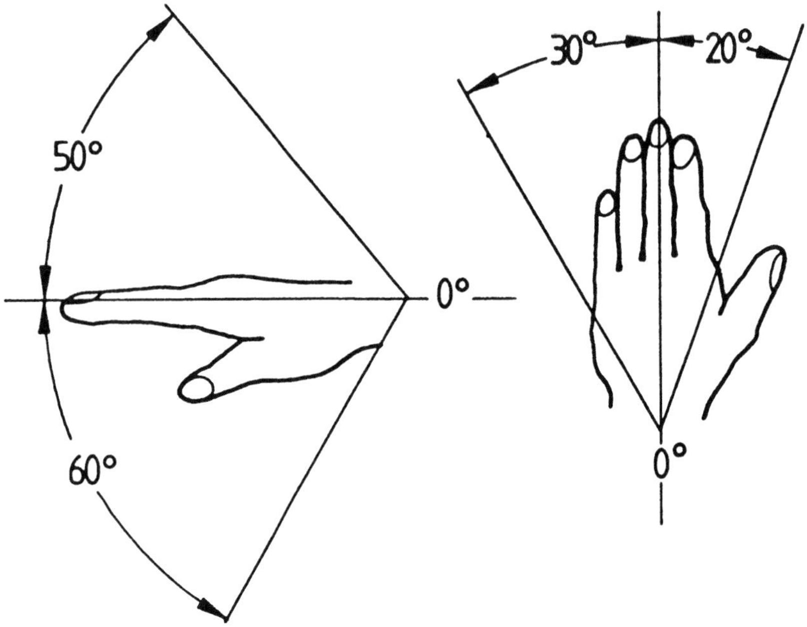

Bild 3.3 : Bewegungsmöglichkeiten und -umfang des Handgelenkes

z.B. durch eine Kombination aus einem Dreh- und einem Klappgelenk, gut nachgebildet werden. Bewegungen in allen wichtigen Raumrichtungen sind damit gewährleistet. Das Ellenbogengelenk und das Handgelenk können auf ähnliche Weise gut simuliert werden.

Bild 3.4 zeigt das bei der Meßpuppe für die Simulation der drei genannten Gelenke verwendete Dreh- und Klappgelenk.

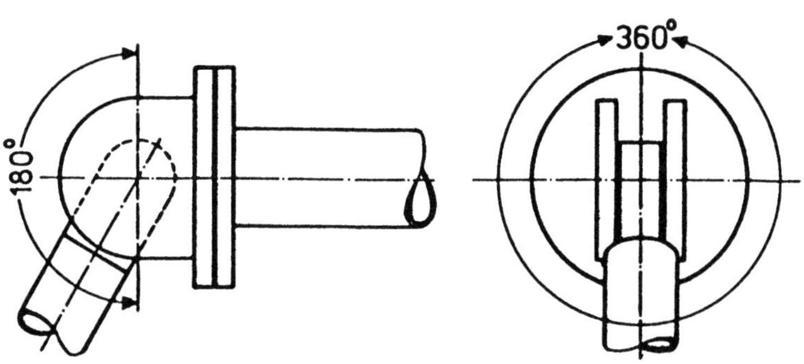

Bild 3.4 : Dreh- und Klappgelenk

Da die geometrischen Abmessungen der oberen Extremitäten bei der zu untersuchenden Fahrerpopulation unterschiedlich sind /3/, mußten diese bei der Meßpuppe auch berücksichtigt werden. Bei der Meßpuppe wurden daher der Schultergürtel und die Ober- und Unterarme durch ineinander verschiebbare Rohre nachgebildet, die auf die entsprechende Länge des nachzubildenden Perzentils eingestellt werden können.

Zur Nachbildung der Handform- und -größe wurden gut geformte und entsprechend große Schaufensterpuppen-Hände benutzt.

3.1.1.2 Der Kopf und die Wirbelsäule

Die Bewegungsmöglichkeiten des Kopfes können durch die folgenden vier Bewegungsarten beschrieben werden:

a) Eine Nickbewegung nach vorne und nach hinten um eine Querachse durch das Nackendrehgelenk

b) Eine Schwenkbewegung zur Seite um eine Hochachse durch das Nackendrehgelenk

c) Eine Wankbewegung zur Seite um eine Längsachse durch das Nackendrehgelenk

d) Eine Kombination der Bewegungen aus a), b) und c).

Die wichtigsten Bewegungsarten sind die Nickbewegung a) und die Schwenkbewegung b). Die maximalen Drehbewegungen betragen für die Nickbewegung a) je 50° nach oben und unten und für die Schwenkbewegung b) je 60° zu jeder Seite /21/, /18/.

Weiterhin ist bei der Betrachtung des Kopfaufbaus die Berücksichtigung der Kopfgröße, der Augenlage und des Abstandes zwischen den beiden Augen von besonderer Bedeutung. Diese Größen sind für die gesamte Fahrerpopulation ermittelt und dokumentiert /3/.

Die Wirbelsäule ist eines der kompliziertesten und wichtigsten Bauteile des menschlichen Skelettes. Um für die Meßpuppe eine möglichst gute Reproduktion der mechanischen Eigenschaften zu ermöglichen, werden hier nur die Wirbelsäulenbewegungen des sitzenden Menschen dargestellt.

Die Wirbelsäule, die aus den Abschnitten: Halslordose, Brustkyphose, Lendenlordose und Kreuz- und Steißbein besteht, stellt sich nicht als ein gerader knöcherner Stab dar, sondern ist je nach Bewegungsablauf bzw. -haltung gekrümmt. Dies ergibt eine große Widerstandsfähigkeit gegen Knickung und ermöglicht eine gute Abfederung der Stöße bei Lauf- und Gehbewegungen.

Die Hauptbewegungsrichtungen der Wirbelsäule sind die Rotation um die Längsachse, die Seitwärtsneigung und Beugung und Streckung, wobei nur die letztere für die Meßpuppe relevant ist.

In der letzten Bewegungsrichtung hat die Wirbelsäule ihre größte Flexibilität. Die Lendenwirbelsäule hat beim stehenden Menschen einen Bewegungsumfang von ca. 30° für die Rückneigung (Retroflexion) und ca. 85° für die Vorneigung (Anteflexion) /26/.

Beim Sitzen nimmt die Wirbelsäule grundsätzlich eine andere Form als beim Stehen ein, wobei hier zwischen der vorwiegend eingenommenen erschlafften und der nur für kürzere Zeiten, mit erheblichen Muskelanstrengungen verbundenen, gestreckten Haltung zu unterscheiden ist. Bild 3.5 zeigt schematisch die unterschiedlichen Wirbelsäulenformen bei den Sitzhaltungen.

Bild 3.5 : Formen der Wirbelsäule bei erschlaffter und gestreckter Sitzhaltung

Untersuchungen über die Wirbelsäulenform haben ergeben, daß es eine gute Übereinstimmung zwischen der Form der Brust- und oberen Lendenwirbelsäule und der Weichteilkontur gibt, so daß eine Beurteilung der Wirbelsäulenform nach dem äußeren Erscheinungsbild zulässig ist /23/.

Eine Betrachtung der Kopffunktion bei der Meßpuppe zeigt, daß für die Vermessung des Kopfes nur die seitliche Kopfform, die Lage des Kopfdrehpunktes und die Augenlage und -abstände relevant sind. Für eine gute und einfache Simulation wurden für diese Größen die Daten des Kopfes des 50 % Menschen übernommen.

Der Meßpuppenkopf wurde zweidimensional nachgebildet. Der Augenabstand zur Kopfebene wurde durch zwei entsprechend lange Stäbe nachgebildet, die in der Augenlage senkrecht zur Kopfebene angebracht wurden.

Für eine gute Nachbildung der Wirbelsäule mußten die beiden Grenzfälle der Wirbelsäulenform - die erschlaffte und die gestreckte - berücksichtigt werden. Diese ergeben wegen ihrer spezifischen Wirbelsäulenkrümmungen eine Längenänderung der Rumpfmittellinie, die bei der Population 5% Frau bis 95% Mann 5 cm beträgt /3/. Dies bedeutet, daß der Rumpf bei der gestreckten Sitzhaltung 5 cm länger ist als bei der erschlafften Haltung.

Die Wirbelsäule wurde daher durch einen in der Länge, der Fahrerpopulation entsprechend verstellbaren Stab nachgebildet.

3.1.1.3 <u>Die unteren Extremitäten</u>

Der Bewegungsablauf im <u>Hüftgelenk</u> ist schwierig zu erfassen, weil fast alle Bewegungen der unteren Extremitäten durch die Mitbewegung des Beckens und der damit verbundenen Wirbelsäule ergänzt werden, bzw. durch sie ersetzt werden können. Durch eine starke Bandfixierung ist der Bewegungsumfang des Hüftgelenkes deutlich eingeschränkt, so daß von einem eingeschränkten Kugelgelenk gesprochen werden kann. Die grundsätzlichen Bewegungsformen des Hüftgelenkes sind:

a) Beugung und Streckung (Flexion, Extension)

b) Abspreizen und Heranführen der Beine (Abduktion, Adduktion)

c) Kreiseln des Beines um seine Längsachse nach innen und außen (Pronation, Supnation)

Der Beuge-Streckbewegungsumfang (pendeln des Beines) beläuft sich im Stand auf insgesamt ca. 135°, wobei dieser Wert bei leichter Spreizung der Beine im Hüftgelenk auf 165° /26/ ansteigen kann. Eine Spreizung der Beine ist bei aufrechtem Stand bis etwa 40° durchführbar. Der Bewegungsumfang vergrößert sich jedoch mit Zunahme der Beugung zwischen Oberschenkel und Rumpf. Bei 90° angewinkeltem Oberschenkel beträgt der Bewegungsumfang ca. 45° nach außen und ca. 20° nach innen /18/. Der Pronations- bzw. Supnationsumfang des Oberschenkels beträgt bei 90° Beugung gegenüber dem Rumpf jeweils 45° (Bild 3.6).

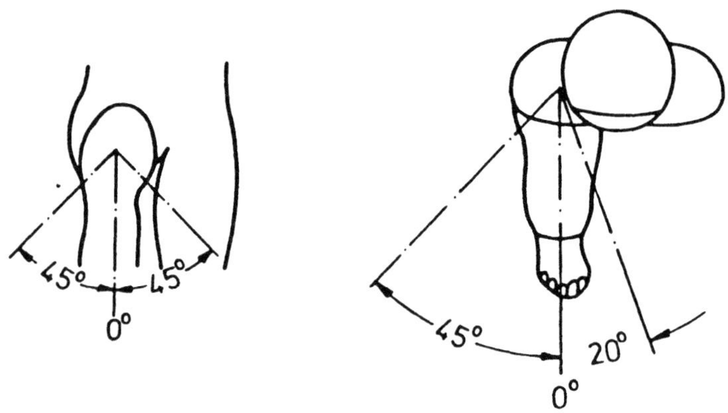

Bild 3.6 : Bewegungsumfänge des Hüftgelenkes

Da ein Hüftgelenk mit einem festdefiniertem Drehpunkt im getriebetechnischen Sinne gar nicht existiert, wird vereinfacht angenommen, daß die Bewegungen des linken bzw. rechten Oberschenkels mit Hilfe des Hüftgelenkes um jeweils einen Punkt ausgeführt werden, der links bzw. rechts von der Körpersymmetrieebene auf der Drehachse von Oberkörper und Oberschenkel liegt. Der Gelenk-zu-Gelenk-Abstand ist in der Literatur als Mittelwert für den 50% Menschen angegeben /27/.

Unterschenkel und Oberschenkel sind durch das Kniegelenk miteinander verbunden. Der Unterschenkel besteht aus Schienbein und Wadenbein. Das Schienbein verbindet den Unterschenkel im oberen Sprunggelenk mit dem Fuß und im Kniegelenk mit dem Oberschenkel.

Das Kniegelenk ist eines der größten und kompliziertesten Gelenke des menschlichen Körpers, das sich in seinem Aufbau und seinen Funktionen von anderen gelenkigen Verbindungen wesentlich unterscheidet. Es zeichnet sich durch zwei funktionell voneinander unabhängigen Bewegungsmöglichkeiten aus:

a) Beugung und Streckung (um eine Achse, die quer durch die Schenkelbeinknorre verläuft).
b) Eine Rotation (um eine Achse, die längs des Schienbeins verläuft).

Die Bewegung a) ist von großer Bedeutung für die vollständige Streckung des Beines, da durch die sogenannte Schlußrotation eine Streckung des Beines um 10° erfolgen kann /26/. Schenkelbein und Schienbein bilden dann einen Winkel von 180°, der im Normalfall als die äußerste Streckgrenze angesehen wird. Die Rotation des Unterschenkels im Kniegelenk kann aber auch aktiv (bewußt) bei einer Kniebeugung erfolgen. Die Einwärtskreiselung (Pronation) beträgt zwischen 5° und 10°, die Auswärtskreiselung zwischen 40° und 50°, wobei die Höchstwerte erst bei einer Beugung des Knies von ca. 70° auftreten. Der Umfang der Kniebeugung beträgt aus der Strecklage ca. 130° /18/ (Bild 3.7)

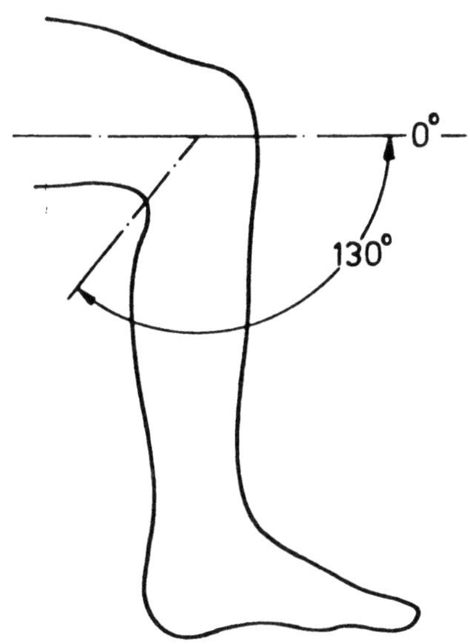

Bild 3.7 : Bewegungsumfang des Kniegelenkes

Der Fuß besteht aus einer Vielzahl von gelenkigen Verbindungen, die alle die Aufgabe haben, die Federung des Fußgewölbes bzw. des Vorfußes sicherzustellen. Wichtig für die Beweglichkeit des Fußes sind in der Hauptsache das obere und das untere Sprunggelenk. Infolge der Anordnung seiner Gelenkpartien stellt das obere Sprunggelenk ein Scharniergelenk dar. Durch die straffe Seitenführung der Bänder und den engen Kontakt der Gelenkteile, sind keine anderen Bewegungen als Fußheben und Fußsenken möglich /25/. Aus der Normalstellung (der Fuß bildet mit dem Unterschenkel einen rechten Winkel), kann ein Fußheben bis ca. 30°, ein Fußsenken bis ca. 40° durchgeführt werden (Bild 3.8).

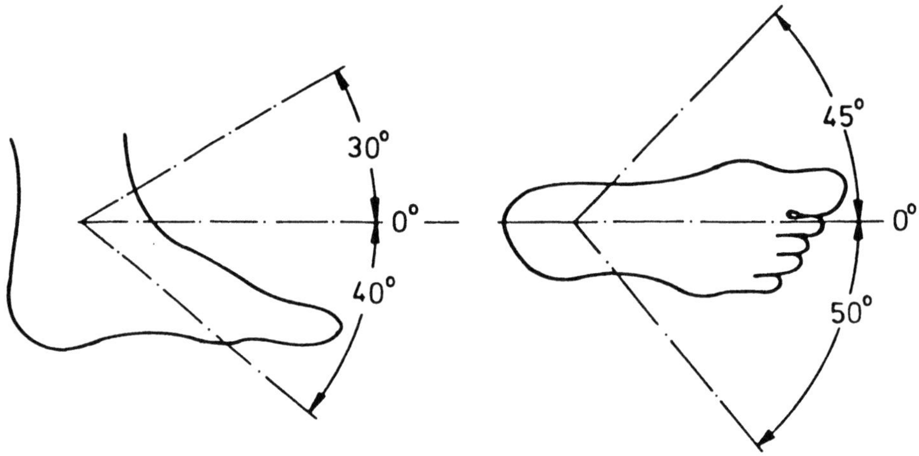

Bild 3.8 : Bewegungsumfänge des Fußgelenkes

Im unteren Sprunggelenk sind mehrere Teilbewegungen möglich, die aber hauptsächlich bei Geh-, Lauf- und Springbewegungen ausgeführt werden. Mit Hilfe dieses Gelenkes und in Kombination mit der Rotationsbewegung des Unterschenkels sind Einwärtsdrehungen des Fußes (Tibialabduktion) von ca. 45° sowie Auswärtsdrehungen (Fibularabduktion) von ca. 50° möglich /18/. Bild 3.8 verdeutlicht die Bewegungsmöglichkeiten und -umfänge des Fußgelenkes.

Anhand der Betrachtung des Aufbaus, der Funktion, der Bewegungsmöglichkeiten und -umfänge der unteren Extremitäten und unter Zugrundelegung sinnvoller Vereinfachungen der komplizierten Gelenkmechanismen, wird die Simulation der unteren Extremitäten auf die geometrischen Abmessungen und die wichtigsten Bewegungsfreiheiten beschränkt, die für den Motorradfahrer relevant sind.

So wird beim Hüftgelenk, beim Kniegelenk und beim Fußgelenk neben der Beugebewegung auch die Pro- und Supnationsbewegung bzw. die Ein- und Auswärtsdrehungen durch entsprechende Dreh- und Klappgelenke berücksichtigt. Da der Fuß des Motorradfahrers nicht vollständig auf einer Auflage steht (z.B. Trittbrett), sondern sich nur im Bereich des Mittelfußes auf der Fußraste abstützt, wurde bei der Meßpuppe ein Schuhwerk mit Absatz vorgesehen. Während die Ober- und Unterschenkel zur Anpassung an die Fahrerpopulation durch ineinander verschiebbare Rohre in der Länge verstellbar ausgeführt wurden, konnte wegen mangelnder Angabe des Gelenk-zu-Gelenk-Abstandes der Drehpunkte der Oberschenkel im Becken der 5 %-Frau und des 95 %-Mannes nur der angegebene Wert des 50 %-Menschen berücksichtigt werden.

Da die Meßpuppe auf dem Motorrad sitzend vermessen werden soll, mußte auch die Gesäßform berücksichtigt werden. Hier wurde ebenfalls wegen fehlender Angaben auf die Gesäßform des 50 % Menschen zurückgegriffen, wie sie in der Literatur angegeben ist /20/.

3.1.2 Gewicht der Meßpuppe und der Meßpuppenteile

Die Anpassung des Meßpuppengewichtes bzw. der Gewichte der einzelnen Teile der Meßpuppe an die tatsächlichen Gewichte der Fahrerpopulation ist für die genaue Bestimmung der Lagen der charakteristischen Körperpunkte an der Meßpuppe von besonderer Bedeutung, da das Gewicht des Fahrers und die damit verbundene Einfederung des Sitzbankpolsters und des Motorrades selbst die vertikale Lage der Punkte im raum- bzw. körperfesten Koordinatensystem beeinflussen. Auf eine genaue Abstimmung der Gewichte der Körperteile bzw. des gesamten Gewichtes auf die tatsächlichen Körpergewichte wurde daher besonderer Wert gelegt.

In der relevanten Literatur sind sowohl die Körpergewichte der drei Perzentile als auch die Gewichte der einzelnen Körperteile des 50%-Mannes (amerikanische Meßreihe) angegeben /22/,/27/. Weiterhin sind Angaben über die prozentualen Gewichtsanteile der einzelnen Körperteile sowie über die Lagen der einzelnen Schwerpunkte gemacht worden /5/. Danach ergeben sich für die Meßpuppe die in der Tabelle 3.2 angegebenen Körperteilgewichte, die, mit Ausnahme des Rumpfgewichtes, sinnvollerweise für alle zu untersuchenden Perzentile einheitlich sind.

Die Körperteilgewichte, die aus dem Gewicht des entsprechenden Teils des Meßpuppenskelettes und einem bzw. mehreren Zusatzgewichten bestehen, werden an den entsprechenden Puppenteilen an speziellen Halterungen befestigt. Die Zusatzgewichte des Rumpfes können stufenweise so erhöht werden, daß Körpergewichte von insgesamt 47,2 bis 98,3 kg simuliert werden können.

Um zu erreichen, daß die Körperteilgewichte bzw. das gesamte Körpergewicht im jeweiligen Schwerpunkt wirkt, wurden die Halterungen dieser Gewichte in ihrer Lage verschiebbar ausgeführt. Damit konnte erreicht werden, daß die Schwerpunktlagen bei allen eingestellten Perzentilen stimmen.

Bild 3.9 zeigt die Lage der Schwerpunkte der einzelnen Körperteile /5/. Die in dem Bild angegebenen Zahlen geben das Verhältnis aus dem Abstand des Schwerpunktes vom jeweiligen Gelenk zur gesamten Länge des Körperteils. Der Schwerpunkt liegt stets auf der Verbindungslinie zwischen den körperteilabgrenzenden Gelenken.

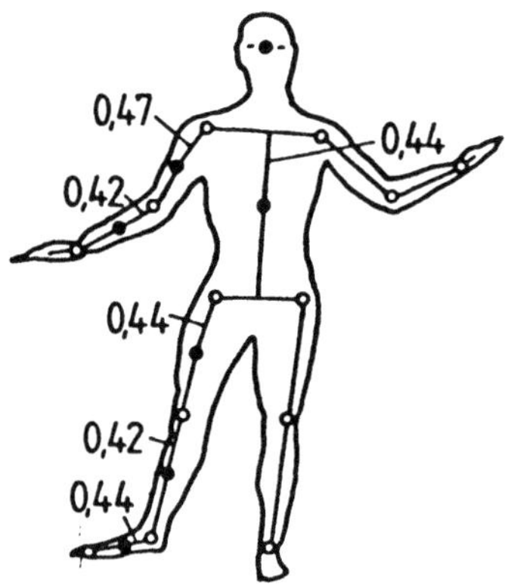

Bild 3.9 : Schwerpunktlagen der einzelnen Körperteile

3.1.3 Daten der Meßpuppe

Die Motorrad-Meßpuppe, die in mehreren Iterationen im Hinblick auf Genauigkeit, optimale Funktion, Bedienbarkeit und Handhabung optimiert wurde, weist in ihrer endgültigen Version folgende Daten auf:

3.1.3.1 Die geometrischen Abmessungen

Die wichtigsten Abmessungen sind in Tabelle 3.1 angegeben.

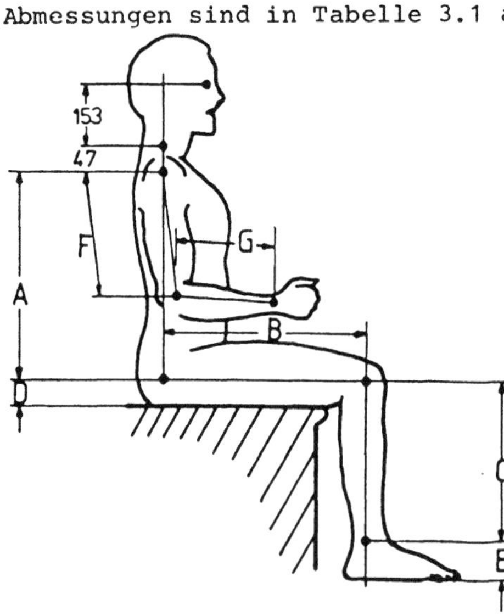

Maß mm	5%-Frau	50%-Mensch	95%-Mann
A (aufrecht)	451	497	543
A (natürlich)	401	447	493
B	363	404	446
C	350	392	433
Rollhügelhöhe D		82	
E		107	
Fußlänge		306	
F	236	268	301
G	210	237	264
Abstand zwischen den Schultergelenken	323	375	428
Abstand zwischen den Hüftgelenken		176	

Tabelle 3.1 : Anthropometrische Daten der Meßpuppe

3.1.3.2 Die Körperteilgewichte

Die Gewichte der einzelnen Körperteile der Meßpuppe sind in Tabelle 3.2 angegeben.

Körperteil	Gewichtsanteil [%]	Gewicht [kg]
Kopf	7	5,29
Rumpf	43	32,51
Oberschenkel	12 (x2)	9,07 (x2)
Unterschenkel	5 (x2)	3,78 (x2)
Fuß	2 (x2)	1,51 (x2)
Oberarm	3 (x2)	2,27 (x2)
Unterarm	2 (x2)	1,51 (x2)
Hand	1 (x2)	0,76 (x2)
Der ganze Körper	100	75,6

Tabelle 3.2 : Gewichtsanteile der einzelnen Körperteile

3.1.3.3 Die Bewegungsmöglichkeiten und -umfänge

Die Bewegungsmöglichkeiten und -umfänge des menschlichen Körpers wurden für die Simulation mit der Meßpuppe auf die für den Motorradfahrer relevanten Bewegungen und Umfänge reduziert. Die entsprechenden Größen bei der Meßpuppe sind in Tabelle 3.3 und Bild 3.10 zusammengefaßt.

Bewegung	Bewegungsumfang
Abspreizen und Heranführen der Beine im Hüftgelenk	0 - 40°
Kreiseln des Oberschenkels um eigene Achse	± 30°
Einwärts-, Auswärtsdrehung des Fußes	± 30°
Heben und Senken des Oberarmes	0 - 90°
Vor- und Rückschwingen im Schultergelenk	± 90°
Rotation des Oberarmes um eigene Achse	± 40°
Heben und Senken des Unterarmes	90°-180°
Rotation des Unterarmes im Ellenbogengelenk	± 70°
Beuge- und Streckbewegung der Hand	± 50°
Drehung der Hand im Handgelenk	± 50°

Tabelle 3.3 : Umfänge der Meßpuppenbewegungen

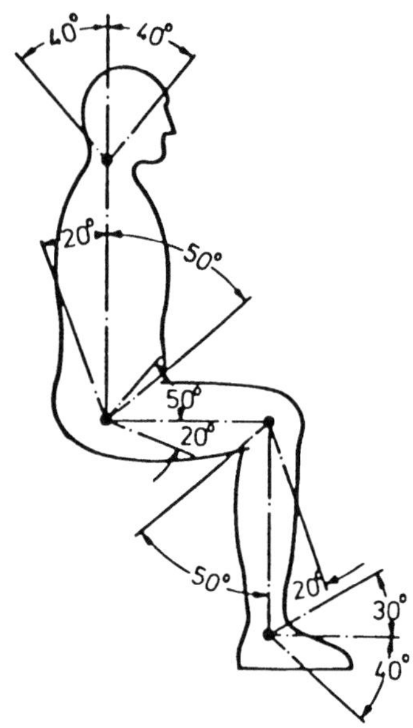

Bild 3.10 : Umfänge der Meßpuppenbewegungen in der Seitenansicht

3.1.4 Beschreibung der Meßpuppe

Die beweglichen und verstellbaren Teile der Motorrad-Meßpuppe wurden aus Stahlröhren bzw. -platten, die Rücken- und die Gesäßschale aus GFK hergestellt. Das Gewicht der Meßpuppe ohne Zusatzgewichte liegt mit 30,7 kg unterhalb des Gewichtes der 5% Frau.

Bild 3.11 zeigt die Kopfkonstruktion der Meßpuppe. Die Kopfkontur wurde aus einer 5 mm dicken Metallplatte gefertigt. Augenlage- und Abstand sind durch zwei Metallbolzen charakterisiert. Das endgültige Kopfgewicht wird mit einem runden Zusatzgewicht erreicht, das im Kopfschwerpunkt angebracht wird. Die Kopfneigung wird an einer Gradskala abgelesen, die in der Kopfform eingraviert worden ist. Im Bild 3.11 ist weiterhin die Schultergürtelkonstruktion mit den als Dreh- und Klappgelenken ausgeführten Schultergelenken abgebildet.

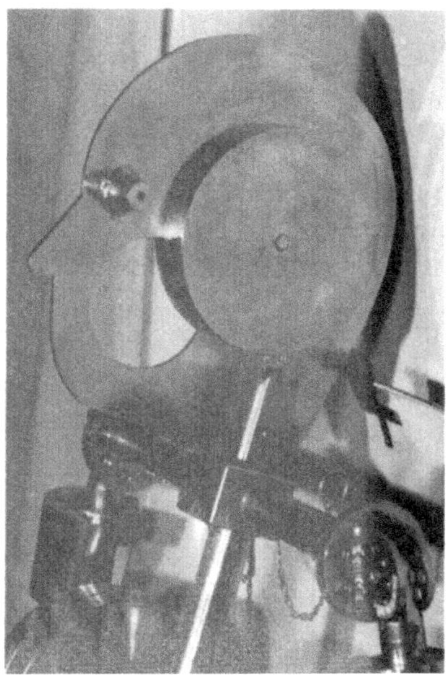

Bild 3.11 : Kopfform der Meßpuppe

Bild 3.12 zeigt die Rumpfstruktur der Meßpuppe. Im oberen Bildteil sind die ineinander gesteckten Rohre zur Simulation der Schulterbreite zu erkennen. An den Schultergelenken hängen die in der Länge ebenfalls verstellbaren Ober- und Unterarme mit den entsprechend aufgesteckten Zusatzgewichten. Die Schulter- und Armteile sind am Rumpfrohr befestigt, das zur Simulation der aufrechten und der natürlichen Rumpflänge der 3 Perzentile in 6 Stufen verstellbar ist. Zur Aufnahme der Rumpf-Zusatzgewichte sind an der Rückenschale, deren Kontur im Bild zu sehen ist, zwei Bügelhalter befestigt. Durch eine Paarweise-Anbringung der scheibenförmigen Zusatzgewichte kann das Meßpuppengewicht von 47,2 bis 98,3 kg variiert werden. Die um die Hüftgelenkachse drehbar befestigte Rückenschale wird nach Anbringung der Gewichte so befestigt, daß der Schwerpunkt auf der Rumpflinie liegt.

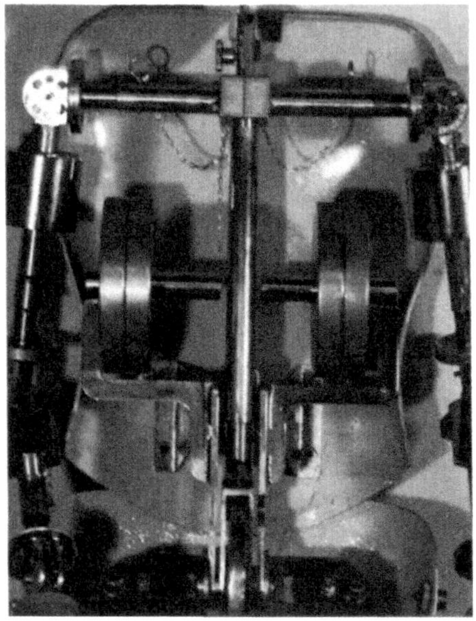

Bild 3.12 : Rumpf der Meßpuppe

In Bild 3.13 sind die Handform und das Handgelenk der Meßpuppe zu sehen. Die von einer Schaufensterpuppe übernommene Handform wurde so befestigt, daß keine zusätzlichen Bewegungen zu denen des Handgelenkes zugelassen werden. Im rechten Bildteil ist die Längenverstellung des Unterarmes zu erkennen.

Bild 3.13 : Hand und -gelenk der Meßpuppe

Die Hüftgelenkkonstruktion der Meßpuppe ist in Bild 3.14 gezeigt. Mit jedem der beiden Gelenke können die Bewegungen , Beugung und Streckung, Spreizung der Beine und Drehung des Oberschenkels um seine Längsachse realisiert werden. Die eingestellten Winkel können mit den Fixierschrauben festgehalten werden.

Bild 3.14 : Hüftgelenkkonstruktion der Meßpuppe

Die Hüftgelenkkonstruktion ist entsprechend den Maßen des 50 % Menschen in der aus GFK hergestellten Gesäßschale befestigt.

Bild 3.15 zeigt die Gesäßschalenform der Meßpuppe. Im Durchstoßpunkt der Hüftgelenkachse durch die Gesäßform ist eine Steckschraube angebracht, die die seitliche Hüftpunktlage charakterisiert.

Bild 3.15 : Gesäßschale der Meßpuppe

Das Kniegelenk, der Unterschenkel mit dem Zusatzgewicht, der Fuß sowie das Fußgelenk sind in Bild 3.16 gezeigt. Das dargestellte Kniegelenk führt nur die festgelegte Beuge- und Streckbewegung aus. Die seitliche Drehung des Fußes wird mit dem Dreh- und Klappgelenk des Fußes realisiert. An beiden Gelenken können die eingestellten Winkel an den eingravierten Skalen abgelesen werden.
Das Schuhwerk besitzt eine herkömmliche Absatzform, die die Positionierung des Fußes auf der Fußraste erleichtert.
Bild 3.17 zeigt abschließend eine Gesamtansicht der gebauten Motorrad-Meßpuppe mit allen Zusatzgewichten.

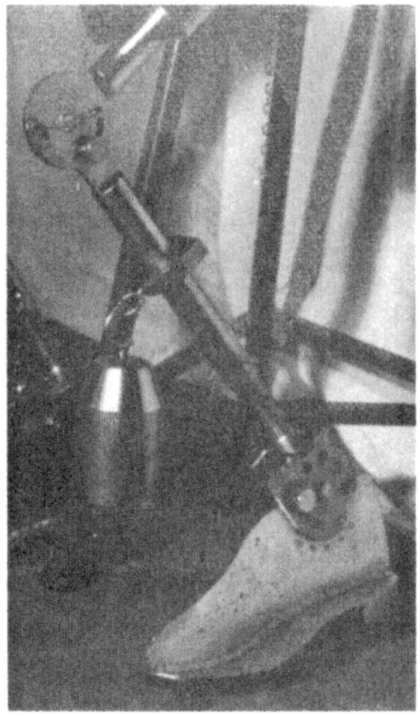

Bild 3.16 : Unterschenkel und Fuß der Meßpuppe

Bild 3.17 : Gesamtansicht der Motorrad-Meßpuppe

3.2 Die Meßvorrichtung

Die im Rahmen dieses Forschungsprojektes gebaute Meßvorrichtung dient dazu, bei den reproduzierbaren Messungen der Sitzposition und der Körperhaltung mit der Meßpuppe eine genaue Bestimmung der räumlichen Koordinaten der charakteristischen Körperpunkte zu ermöglichen.

3.2.1 Anforderungen an die Meßvorrichtung

Die Anforderungen an die Meßvorrichtung resultieren aus den allgemeinen Forderungen nach Genauigkeit, Funktionsfähigkeit, guter Bedienbarkeit, Wirtschaftlichkeit sowie weiteren spezifischen Anforderungen. Die hier gestellten Forderungen können wie folgt zusammengefaßt werden:

- Aufnahme des zu vermessenden Motorrades mit der Meßpuppe
- Möglichkeit der dreidimensionalen Vermessung
- Geringe und abschätzbare Fehler
- Geringe Herstellkosten
- Leichte Bedienbarkeit
- Universelle Anwendbarkeit.

Die letzte Forderung nach universeller Anwendbarkeit bedeutet, daß sowohl Motorräder unterschiedlicher Länge, Breite und Höhe als auch andere Gegenstände, deren Abmessung im Meßbereich liegt, mit der Meßvorrichtung vermessen werden können. Zur Festlegung des danach erforderlichen Meßbereiches wurden die geometrischen Abmessungen aller in Betracht kommenden Motorräder analysiert.

Aufgrund der unterschiedlichen Motorradgrößen und der Forderung nach leichter Bedienbarkeit, müssen die zu verwendenden Meßelemente beweglich ausgeführt werden. Eine optimale Lösung kann dadurch erreicht werden, daß das Motorrad mit der Meßpuppe in der Mitte der Meßvorrichtung befestigt wird und die Meßelemente um das Motorrad herum beweglich angeordnet werden.

Um ohne Verzicht auf die geforderte Genauigkeit und Einfachheit die Herstellkosten bzw. Anschaffungskosten im wirtschaftlich vertretbaren Rahmen zu halten, wurden die Überlegungen auf mechanische Meßvorrichtungen beschränkt.

3.2.2 Beschreibung der gebauten Meßvorrichtung

Wie Bild 3.18 zeigt, besteht die Meßvorrichtung aus zwei Hauptteilen, dem Bodenteil (1) und dem beweglichen Brückenteil (2) . Im Bodenteil, das hauptsächlich zur Aufnahme und Befestigung des Motorrades dient, sind die Vorder- und Hinterradbefestigungsstellen (3) und (4) integriert. Zur Führung des beweglichen Brückenteils sind zwei parallele Führungsschienen (5) im Bodenteil befestigt. Das Brückenteil ist in den Führungsschienen in Wälzlagern (6) gelagert. In den Meßköpfen (7) , die entlang der senkrechten Führung (8) im Brückenteil nach oben und unten bewegt werden können, sind die Meßfühler (9) befestigt und geführt.

Die Vorderradbefestigungsstelle (3)(Bild 3.19) ist zur Anpassung an die unterschiedlichen Motorradlängen und Reifenbreiten verstellbar ausgeführt. Sie kann, geführt an den Führungsstellen (11), in der Längsrichtung der Meßvorrichtung verschoben werden und mit der Einstellstange (12) befestigt werden.

Die Hinterradbefestigungsstelle (4) in Bild 3.20 ist zur Anpassung an die Reifengröße und -breite ebenfalls verstellbar ausgeführt. Sie kann in der Höhe und in einem geringerem Maß in der Längsrichtung verstellt werden.

Zur Messung der Koordinaten eines Punktes im Meßbereich werden das Brückenteil, die Meßköpfe und die Meßfühlter so bewegt, daß die Spitze des Meßfühlers den zu messenden Punkt berührt. Die X-Koordinate wird mit dem Zeiger (10) auf einer Skala parallel zur Führungsschiene (5) angezeigt. Die Z- und die Y-Koordinaten werden an den entsprechenden Ablesemarken am Meßkopf angezeigt. (Bild 3.21).

Bild 3.22 zeigt die gebaute Meßvorrichtung in einer Gesamtansicht.

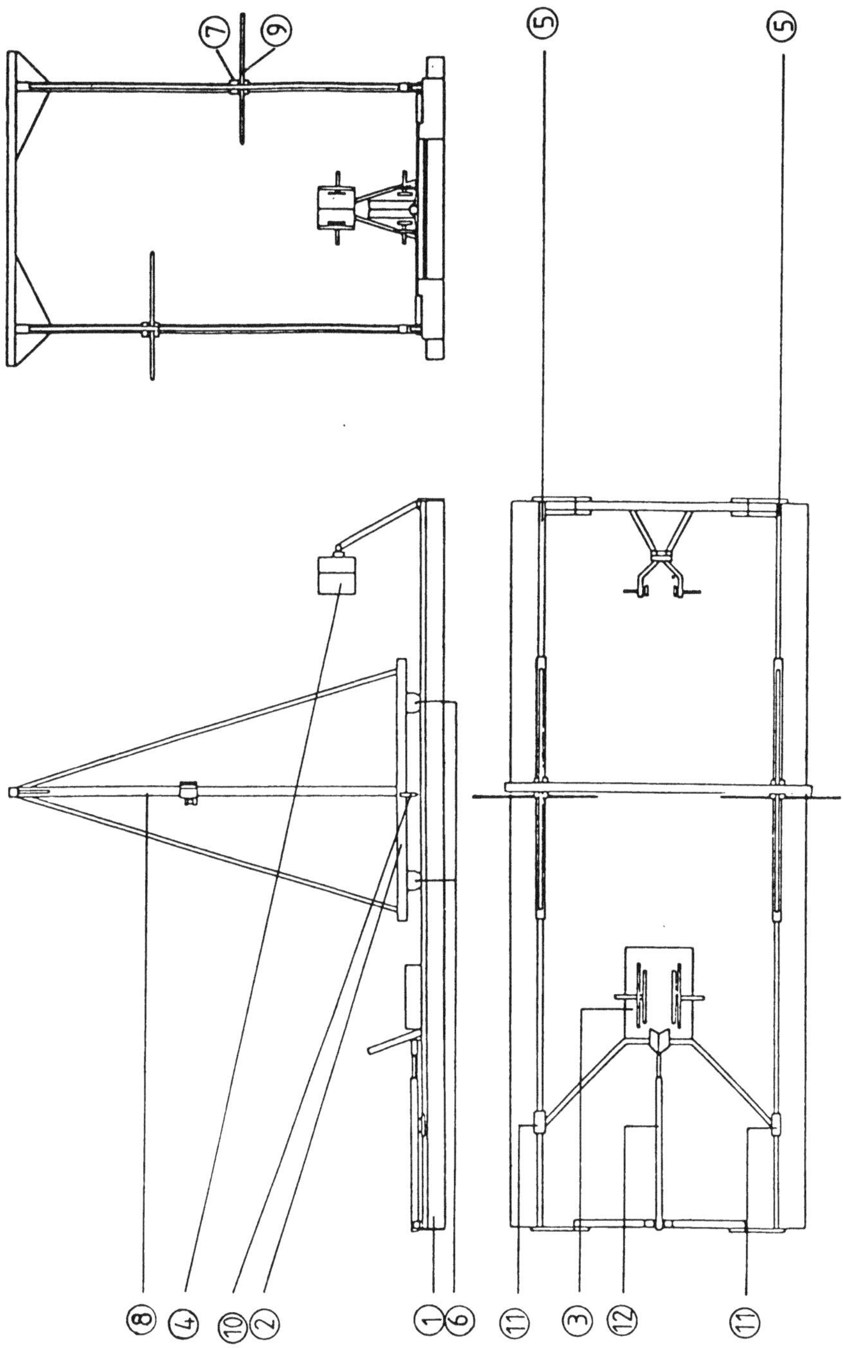

Bild 3.18 Schematische Darstellung der Meßvorrichtung

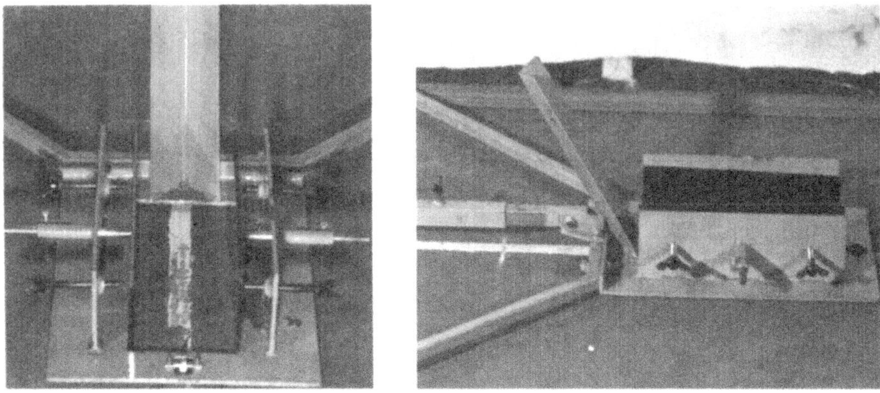

Bild 3.19 : Vorderradbefestigungsstelle in der Vorder- und in der Seitenansicht

Bild 3.20 : Hinterradbefestigungsstelle in der Vorder- und in der Seitenansicht

Bild 3.21 : Meßkopf und -fühler der Meßvorrichtung

Bild 3.22 : Gesamtansicht der Meßvorrichtung

4. Ermittlung der Sitzposition und der Körperhaltung des Motorradfahrers für repräsentative Motorrad-Fahrerplatzkonfigurationen

Die im Rahmen der zweiten Arbeitsphase durchgeführten Ermittlungen der Sitzpositionen und Körperhaltungen der Motorrad-Fahrerpopulation stellen die Hauptaufgabe des Forschungsprojektes dar.

4.1 Auswahl der repräsentativen Motorräder

Sitzposition und Körperhaltung des Motorradfahrers hängen in starkem Maße von der Motorradgeometrie ab. Diese umfassend zu ermitteln ist in Anbetracht der Vielzahl der auf dem deutschen Markt angebotenen Motorräder sehr aufwendig und langwierig. Um jedoch einen möglichst großen Bereich der Motorräder mit dieser Untersuchung abzudecken, war es notwendig, für die wichtigsten und häufigsten Motorradgattungen repräsentative Vertreter genauestens auszuwählen.

Wie in diesem Kapitel noch erläutert wird, kann die Anzahl der zu untersuchenden repräsentativen Motorräder auf vier beschränkt werden.

4.1.1 Auswahlkriterien

Die Festlegung der Versuchsmotorräder erfordert zunächst die Definition relevanter Auswahlkriterien. Das erste Auswahlkriterium ist durch die Forderung nach "repräsentativen Motorrad-Fahrerplatzkonfigurationen" vorgegeben. Die vier Versuchsmotorräder sollten daher vor allem im Hinblick auf den Charakter der Fahrerplatzgestaltung bzw. auf die Motorradgattung ausgewählt werden.

Danach mußte zwischen den Motorradgattungen Sportmaschinen, Tourenmaschinen, Choppern, Geländemaschinen, Fun Bikes, Leichtkrafträdern, Mopeds, Mofas und Motorrollern unterschieden werden. Wegen der bei Mopeds, Mofas und Motorrollern üblicherweise kurzen Fahrzeiten bzw. -strecken wurde auf diese drei Gattungen bei der Auswahl der repräsentativen Motorräder verzichtet. Weiterhin wurden die Sportmotorräder und die Fun Bikes wegen ihrer besonderen Einsatzzwecke bzw. wegen ihrer Seltenheit im Straßenverkehr ausgeschlossen.

Anhand weiterer Kriterien mußte abschließend für die vier wichtigen Motorradgattungen je ein repräsentatives Motorrad ausgewählt werden. Diese Kriterien berücksichtigen sowohl die technischen Daten der Motorräder wie Motordaten, Geschwindigkeit und Gewicht als auch die Benutzeranforderungen nach Wirtschaftlichkeit, Image, Handlichkeit und Zuverlässigkeit. Da die Wichtung dieser Kriterien seitens des Motorradfahrers letztendlich in den Verkaufszahlen zum Ausdruck kommt, wurden die statistischen Verkaufszahlen bei der Auswahl der vier Motorräder berücksichtigt /11/.

Wichtig bei der Auswahl der Motorräder war außerdem die Einführung der 80 ccm-Klasse während der Bearbeitungsdauer dieses Forschungsprojektes. Die besonderen Vorteile dieser kleinen Motorräder wie Handlichkeit, niedriger Kraftstoffverbrauch, relativ hohe Endgeschwindigkeit sowie günstige Versicherungsprämien bewirken relativ hohe Verkaufszahlen insbesondere bei den jungen Fahrern. Aus diesem Grunde wurde ein Motorrad dieser Klasse als Vertreter der Gattung Leichtkrafträder ausgewählt.

4.1.2 Daten und Beschreibung der Versuchsmotorräder

Anhand der bereits erläuterten Auswahlkriterien wurden für die beabsichtigten Untersuchungen folgende Motorräder ausgewählt:
- BMW R 100 S für die Gattung sportlicher Tourenmotorräder
- Kawasaki Z 440 LTD für die Gattung Chopper
- Yamaha XT 500 für die Gattung Geländemaschinen (Enduros)
- Hercules Ultra 80 für die Gattung Leichtkrafträder

Die Bilder 4.1 bis 4.4 zeigen diese Motorräder in der Seitenansicht mit den entsprechenden vereinfachten graphischen Darstellungen.

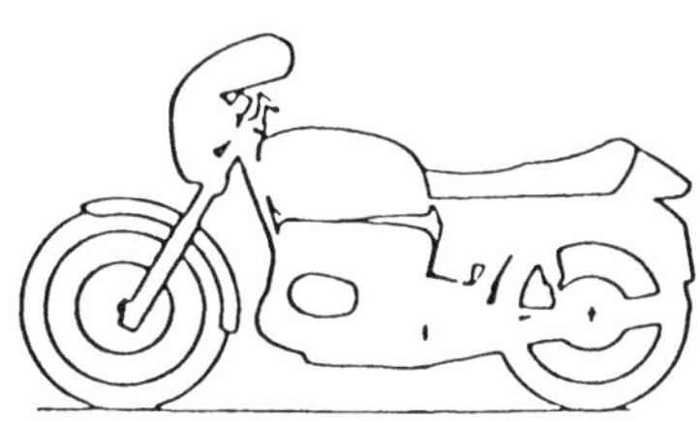

Bild 4.1 : Sportliches Tourenmotorrad BMW R 100 S

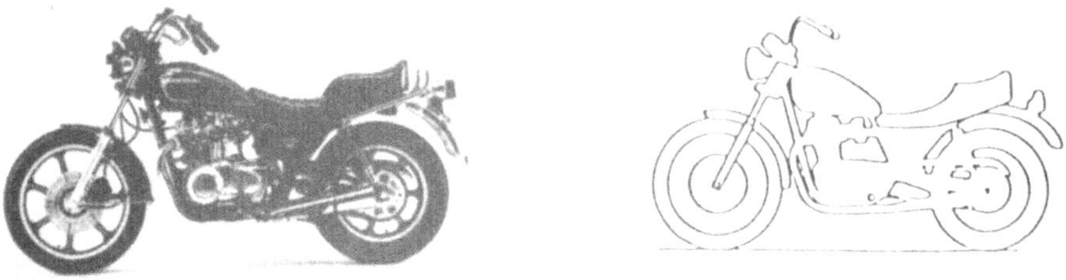

Bild 4.2 : Soft Chopper Kawasaki Z 440 LTD

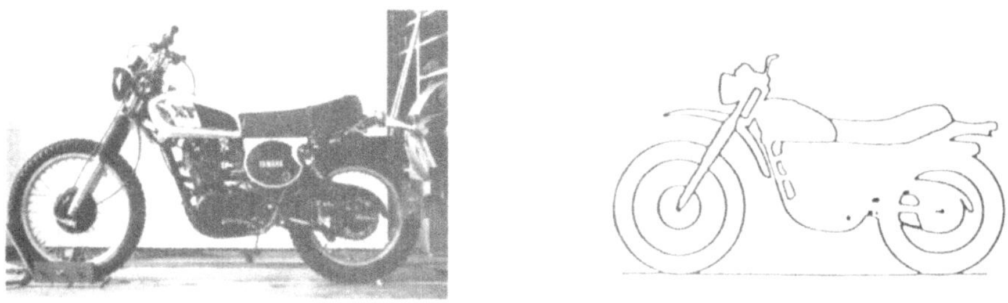

Bild 4.3 : Enduro Yamaha XT 500

Bild 4.4 : Leichtkraftrad Hercules Ultra 80

Bei der BMW R 100 S handelt es sich um ein Motorrad der oberen Leistungs- und Preisklasse, das vorwiegend als Touren- bzw. Reisemotorrad benutzt wird und mit dem Reisegeschwindigkeiten bis ca. 190 km/h erreicht werden können. Bei der Auswahl dieses Motorrades wurde berücksichtigt, daß aufgrund der großen Ähnlichkeit aller im BMW-Programm gebauten Motorräder, sowohl im Konzept als auch in der Fahrerplatzgeometrie, ein ziemlich großer Bereich von Tourenmotorrädern bis hin zu sportlicheren Fahrzeugen abgedeckt werden kann.

Bei einer relativ großen Sitzbankhöhe von ca. 820 mm und einem tief angeordneten Lenker ergibt sich für den Fahrer eine nach vorne geneigte Oberkörperhaltung.

Bei der Kawasaki Z 440 LTD handelt es sich um die verbreitetste Maschine der Chopper-Gattung /11/. Diese ist in der Regel durch eine niedrige Sitzbank und einen breiten hohen Lenker gekennzeichnet. Bei einer Sitzbankhöhe von ca. 750 mm sitzt der Fahrer auf der Kawasaki Z 440 LTD entsprechend tief und nimmt dabei eine für diese Motorradgattung typische aufrechte Oberkörperhaltung ein, die von den Motorradfahrern bei den relativ geringen Höchstgeschwindigkeiten dieser Motorräder trotz großer Luftwiderstandsfläche in der Regel als angenehm empfunden wird.

Die Yamaha XT 500 ist der verbreitetste Vertreter der Enduro-Gattung. Diese Motorräder sind wegen der erforderlichen großen Federwege und Bodenfreiheit ziemlich hoch gebaut. Die Yamaha XT 500 weist eine Sitzbankhöhe von ca. 840 mm auf. Der Fahrer sitzt hoch und hat dabei eine aufrechte Oberkörperhaltung.

Die Hercules Ultra 80 kann als Vertreter der neuen Leichtkrafträder mit 80 ccm angesehen werden. Diese haben zwar noch keinen besonders großen Marktanteil, werden jedoch wegen der in Kapitel 4.1.1 bereits genannten Vorteile bei der jüngeren Motorradfahrer-Population in Zukunft einen großen Benutzerkreis finden.

Die Hercules Ultra 80 hat eine Sitzbankhöhe von ca. 750 mm und ist dementsprechend tief gebaut. Der Lenker ist bei diesem Motorrad jedoch so tief und schmal ausgeführt, daß darauf nur eine stark nach vorn geneigte Oberkörperhaltung möglich ist.

Die wesentlichen technischen Daten der Versuchsmotorräder sind in Tabelle 4.1 zusammengefaßt.

Motorrad	Hubraum [ccm]	Leistung [kW]	Gewicht [kg]	Radstand [mm]	Höchstgeschwindigkeit [km/h]
Tourenmotorrad	982	58	245	1465	189
Chopper	443	20	184	1385	135
Enduro	500	20	155	1415	135
Leichtkraftrad	80	5,1	110	1220	80

Tabelle 4.1 : Technische Daten der Versuchsmotorräder

4.2 Ermittlung der Sitzposition und der Körperhaltung im Fahrversuch

Bei der Durchführung der im Rahmen dieses Forschungsprojektes vorgesehenen Arbeiten wurde festgestellt, daß die Ermittlung der Sitzposition und Körperhaltung des Motorradfahrers unter definierten Bedingungen im Fahrversuch unerläßlich ist.

4.2.1 Ziel der Fahrversuche

Wichtigstes Ziel der Fahrversuche war es, anhand von Vergleichen zwischen den Ergebnissen der Fahrversuchs- und Standmessungen festzustellen, ob der Motorradfahrer seine im Fahrversuch eingenommene Sitzposition und Körperhaltung auch bei den Standmessungen beibehält. Daraus kann abgeleitet werden, inwieweit die bei den Standmessungen ermittelten Sitzpositionen und Körperhaltungen mit den tatsächlichen Sitzpositionen und Körperhaltungen im Fahrversuch übereinstimmen.

Weiterhin sollten mit Hilfe der Fahrversuche die Änderungen der Sitzposition und der Körperhaltung des Motorradfahrers in Abhängigkeit von der Fahrgeschwindigkeit erfaßt und dokumentiert werden. Dies erscheint insofern wichtig, da die Sitzposition des Motorradfahrers im Gegensatz zu z.B. der des Pkw-Fahrers, durch die vorwiegend lange, flache Sitzbank nicht fixiert ist.

4.2.2 Auswahl der Versuchsfahrer

Bei der Durchführung der Fahrversuche mußte zunächst darauf geachtet werden, daß die Versuchsfahrer in ihren anthropometrischen Daten im Rahmen der berücksichtigten Fahrerpopulation liegen. Weiterhin mußte darauf geachtet werden, daß diese Fahrer genügende Fahrerfahrung besitzen, um die Versuchsmotorräder nach einer angemessenen Anpassungszeit sicher fahren zu können.

In Tabelle 4.2 sind die wichtigsten Daten der gewählten Versuchsfahrer zusammengefaßt.

Die Versuchsfahrer, die auch bei der anschließenden Ermittlung der Sitzposition und der Körperhaltung im Standversuch als Versuchspersonen zur Verfügung standen, weichen in ihren Körper-

Versuchs-fahrer	Geschlecht	Körper-größe [cm]	Gewicht [kg]	Alter [Jahre]	Fahr-praxis [km/Jahr]
A	weiblich	164	56	23	ca. 10.000
B	männlich	173	73	25	ca. 15.000
C	männlich	182	79	30	ca. 12.000

Tabelle 4.2 : Angaben zu den Versuchsfahrern

größen von den statistischen 5 % Frau, 50 % Mensch und 95 % Mann geringfügig ab. Die größte Abweichung von 10 cm ist bei der gewählten Fahrerin festzustellen. Da es jedoch sehr schwierig war, Versuchsfahrer zu finden, die die gleichen Körperabmessungen haben wie die möglichen statistischen Fahrer, wurden diese Abweichungen in den Körperabmessungen toleriert.

4.2.3 Auswahl der Versuchsstrecke

Zur Durchführung der Fahrversuche und der dabei beabsichtigten photographischen Ermittlung von Sitzposition und Körperhaltung sollte die Versuchsstrecke folgende Bedingungen erfüllen:

- Die Strecke sollte eine möglichst geringe Frequentierung aufweisen.
- Die Strecke mußte eine über mindestens 2 km lange Geradeausfahrt mit hoher konstanter Geschwindigkeit erlauben.
- Sowohl niedrige als auch hohe Fahrgeschwindigkeiten mußten ohne Risiko (z.B. durch Straßeneinmündungen und Verkehrsbehinderungen) realisierbar sein.
- Das Gelände seitens der Fahrbahn mußte ohne störende Gegenstände wie Bäume und Leitplanken auf gleicher Fahrbahnhöhe sein, um eine gute Plazierung der photographischen Meßvorrichtung zu ermöglichen.

Aufgrund dieser Bedingungen schied die Möglichkeit aus, die Versuche auf einer Bundesautobahn durchzuführen. Es bot sich jedoch ein Teilstück der Bundesstraße 1 an, die, da parallel zur Bundesautobahn A 44 zwischen Aachen und Düsseldorf verlaufend, entsprechend sehr wenig befahren ist.

Das Bild 4.5 zeigt eine Ansicht der gewählten Versuchsstrecke.

Bild 4.5 : Ansicht der geraden Versuchsstrecke

4.2.4 Versuchsaufbau, -bedingungen und -programm

Die photographische Ermittlung der Sitzposition und der Körperhaltung der Versuchsfahrer im Fahrversuch stellt die geeignetste Meßmethode dar. Hierbei wird die momentane Haltung des Fahrers zu einem definierten Zeitpunkt und bei einer bestimmten Geschwindigkeit auf einem Foto festgehalten und kann später genau ausgewertet werden. Die zur Auswertung und Ermittlung der Sitzposition und der Körperhaltung notwendigen Bilder müssen daher folgende Bedingungen erfüllen.

- Die seitliche Sitzposition und Körperhaltung des Fahrers, die relativen Lagen seiner charakteristischen Körperpunkte zum Motorrad und die Fahrgeschwindigkeit müssen jedem Bild entnommen werden können.
- Die Bilder müssen bei hohen Fahrgeschwindigkeiten eine ausreichende Schärfe für die spätere Auswertung aufweisen.
  Der hierfür nötige Versuchsaufbau mußte einen schnellen unkomplizierten Versuchsablauf ermöglichen und dabei andere Verkehrsteilnehmer nicht behindern.

Die photographische Meßeinrichtung bestand aus einer mit einem lichtstarken Teleobjektiv versehenen Kamera, einem elektromechanischen Auslösemechanismus und einem vom Motorrad-Vorderrad betätigbaren Signalgeber.

Wie in Bild 4.6 gezeigt, konnte durch eine geeignete räumliche Anordnung von Signalgeber und Fotoapparat sowie durch die Verwen-

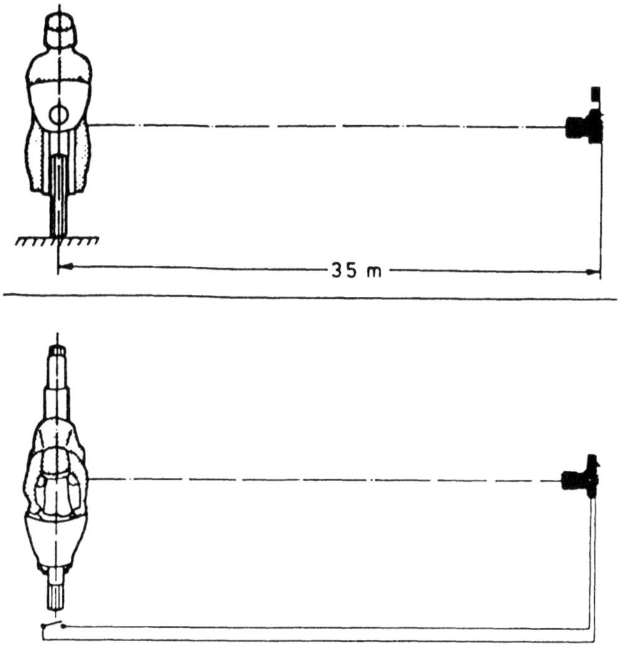

Bild 4.6 : Räumliche Anordnung der photographischen Meßeinrichtung zum fahrenden Motorrad

dung hochempfindlicher Filme bei sehr kurzen Belichtungszeiten erreicht werden, daß auch bei Fahrten mit hoher Geschwindigkeit gut auswertbare scharfe Bilder entstanden.

Die Fahrversuche wurden unter folgenden, stets konstant gehaltenen, Versuchsbedingungen durchgeführt:

- Die Fahrversuche wurden auf trockener sauberer Fahrbahn und bei geringsten Windgeschwindigkeiten durchgeführt, um äußere Störeinflüsse weitgehend auszuschließen.
- Die Versuchspersonen trugen stets die gleiche, eng am Körper anliegende Kleidung.
- Die charakteristischen Körperpunkte wie Fuß-, Knie-, Hüft-, Schulter-, Ellenbogen- und Handgelenke sowie Augenpunkt wurden vor Versuchsbeginn ermittelt und auf der Kleidung bzw. auf dem Helm erkennbar gekennzeichnet.
- Folgende Geschwindigkeitsbereiche wurden mit einer Abstufung von 10 km/h durchfahren:

Tourenmotorrad	50 - 150 km/h
Chopper	50 - 120 km/h
Enduro	50 - 120 km/h
Leichtkraftrad	40 - 80 km/h

- Die Versuchsfahrer fuhren mit geschlossenem Helmvisier.

Das Versuchsprogramm war wie folgt gegliedert:

- Der Versuchsfahrer legte vor jeder Meßreihe eine Eingewöhnungsfahrt von ca. 5 km zurück.
- Die Versuchsfahrer mußten beginnend mit der vorgesehenen Anfangsgeschwindigkeit und mit einer Geschwindigkeitssteigerung von 10 km/h pro Durchgang bis zur definierten Höchstgeschwindigkeit die Teststrecke in ununterbrochener Folge durchfahren.
- Die Versuchsfahrer mußten auf den letzten 800 m vor dem Signalgeber, die Stelle war am Fahrbahnrand gekennzeichnet, die vorgeschriebene Geschwindigkeit konstant halten und dabei die subjektiv richtige, der Fahrgeschwindigkeit entsprechenden Sitzposition und Körperhaltung einnehmen, ohne irgendeine Bedienfunktion auszuüben.

4.2.5 Darstellung und Diskussion der Versuchsergebnisse

Wie in Kapitel 4.2.1 bereits erklärt, sollten die Fahrversuche zu der Feststellung dienen, inwieweit die in Standmessungen ermittelten Sitzpositionen und Körperhaltungen mit denen aus dem Fahrversuch übereinstimmen. Die aus beiden Messungen für die drei Versuchsfahrer ermittelten Ergebnisse wurden daher miteinander verglichen. Die dabei festgestellte Übereinstimmung, auf die im nächsten Kapitel näher eingegangen wird, läßt den Schluß zu, daß die in den Standmessungen ermittelten Sitzpositionen und Körperhaltungen der Motorradfahrer als realistisch und repräsentativ angesehen werden können.

Bild 4.7 zeigt ein Beispiel für die in den Fahrversuchen gemachten Fahrbilder. In diesen Bildern sind die Kennzeichnungen der charakteristischen Körperpunkte an den Motorradfahrern eindeutig zu erkennen.

Im Rahmen der hier diskutierten Ergebnisse sollen vornehmlich die wichtigsten Änderungen an der Sitzposition und an den die

Fahrer A

Fahrer B

Fahrer C

Bild 4.7 Die drei Versuchsfahrer auf dem Tourenmotorrad bei 50 km/h Fahrgeschwindigkeit

Körperhaltung bestimmenden Körperwinkeln in Abhängigkeit von der Fahrgeschwindigkeit erläutert werden (Bild 4.8).

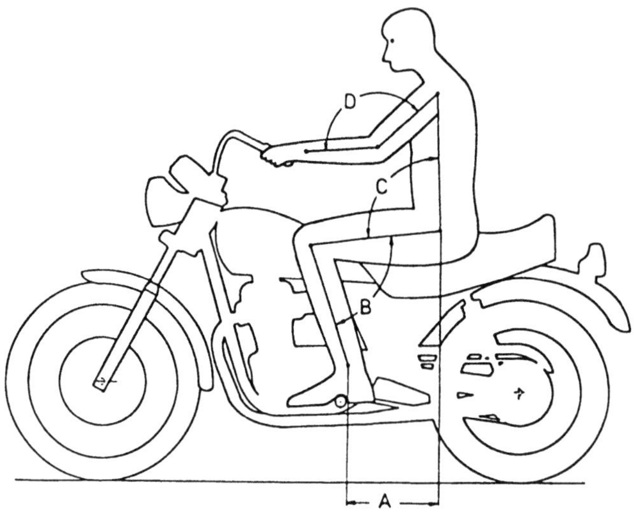

Bild 4.8 : Charakteristische Größen beim fahrenden Motorradfahrer

In Diagramm 4.1 ist die Änderung der Sitzposition des Fahrers A, hier ausgedrückt als der horizontale Abstand des Hüftpunktes zum Fußgelenk, auf den untersuchten Motorrädern als Funktion der Fahrgeschwindigkeit qualitativ dargestellt.

Die aus den Meßwerten berechneten Kurvenverläufe zeigen bei drei Motorrädern, daß der Abstand zwischen Hüftpunkt und Fußgelenk mit zunehmender Geschwindigkeit größer wird. Diese relative Verlagerung zwischen Hüftpunkt und Fußgelenk kommt dadurch zustande, daß der Fahrer, der bei höheren Geschwindigkeiten versucht, seine luftangeströmte Fläche zu reduzieren, seine Hüfte auf der Sitzbank nach hinten verschiebt und dabei seinen Oberkörper stärker nach vorne neigt. Diese Erklärung wird durch die Kurvenverläufe der Hüftwinkel- und Ellenbogenwinkeländerungen in Diagramm 4.2 bekräftigt.

Die Sitzpositionsänderung des Fahrers A auf dem Tourenmotorrad zeigt, im Gegensatz zu den Verläufen auf den anderen Motorrädern, eine geringfügige Verkleinerung des Abstandes zwischen Hüftpunkt und Fußgelenk. In diesem Zusammenhang muß erwähnt werden, daß bei dem 56 kg schweren Fahrer trotz längerer Eingewöhnungsfahrten Anpassungsschwierigkeiten an das schwere Tourenmotorrad auftra-

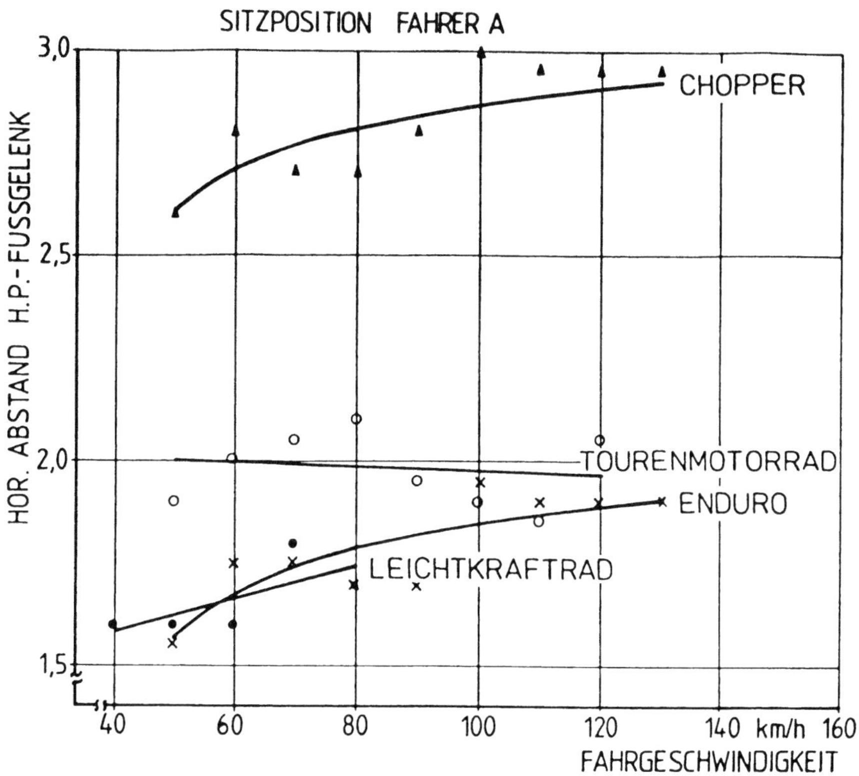

Diagramm 4.1: Änderung der Sitzposition des Fahrers A

ten. Dies führte dazu, daß die Fahrversuche nach mehrmaliger Wiederholung bei 120 km/h abgebrochen wurden. Die vollständigkeitshalber eingetragenen Meßwerte können daher nicht als repräsentativ angesehen werden.

Diagramm 4.2 zeigt die Verläufe der Kniewinkel-, Hüftwinkel und Ellenbogenwinkeländerungen für den Fahrer A. Durch die relative Verschiebung der Hüfte nach hinten und die stärkere Oberkörperneigung nach vorne wird der Hüftwinkel kleiner. Der Kniewinkel, der dadurch größer werden sollte, ist bei der Enduro konstant geblieben und bei dem Chopper nur geringfügig größer geworden. Durch eine von dem Fahrer vorgenommene zusätzliche Verschiebung des Fußes nach hinten ist der Kniewinkel auf dem Leichtkraftrad und dem Tourenmotorrad kleiner geworden. Der Ellenbogenwinkel wird im allgemeinen wegen der bei höherer Geschwindigkeit stärkeren Oberkörperneigung kleiner. Lediglich bei dem Chopper wird der Ellenbogenwinkel, der wegen der stark abgewinkelten Arme des nah zum Lenker sitzenden Fahrers entsprechend klein ist, mit zunehmen-

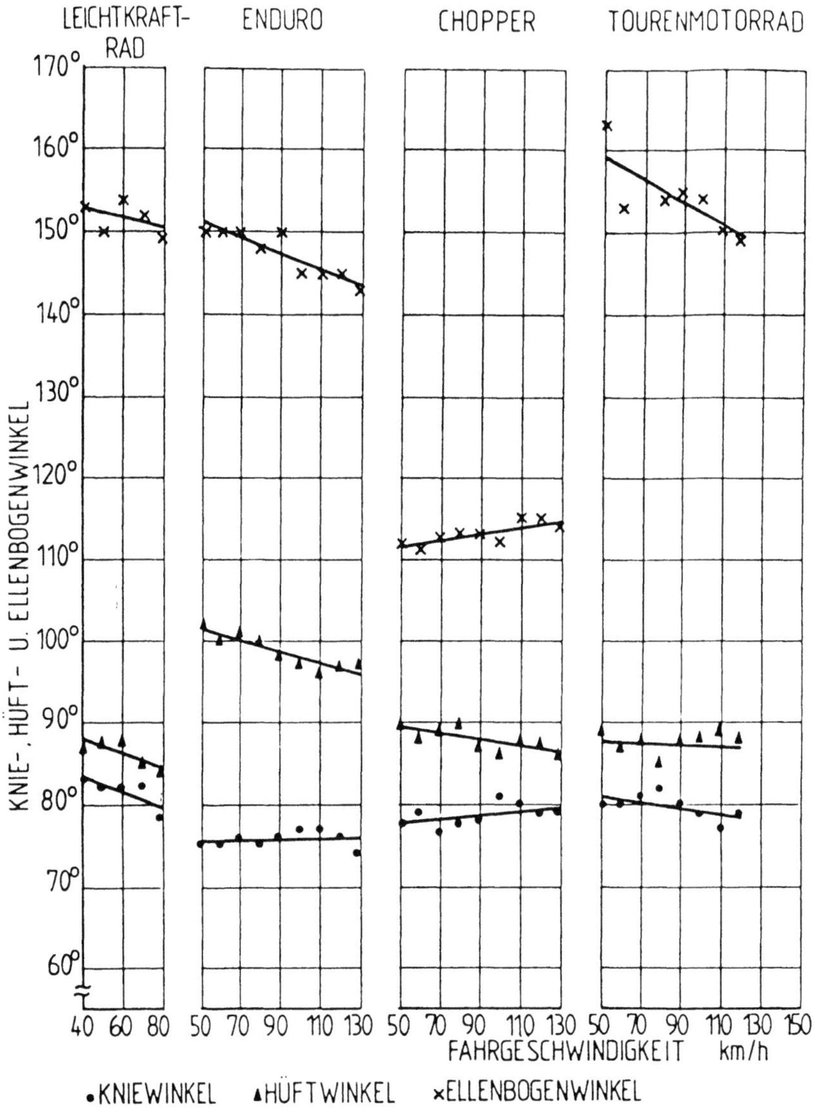

Diagramm 4.2: Knie-, Hüft- und Ellenbogenwinkeländerung beim Fahrer A.

der Geschwindigkeit größer. Dies ist mit der allgemeinen Oberkörperverlagerung des Fahrers nach hinten zu erklären.

Diagramm 4.3 zeigt die ermittelte Sitzpositionsänderung bei dem Fahrer B.

Bei diesem Fahrer ist wie beim Fahrer A festzustellen, daß der Abstand des Hüftpunktes zum Fußgelenk mit zunehmender Geschwindigkeit

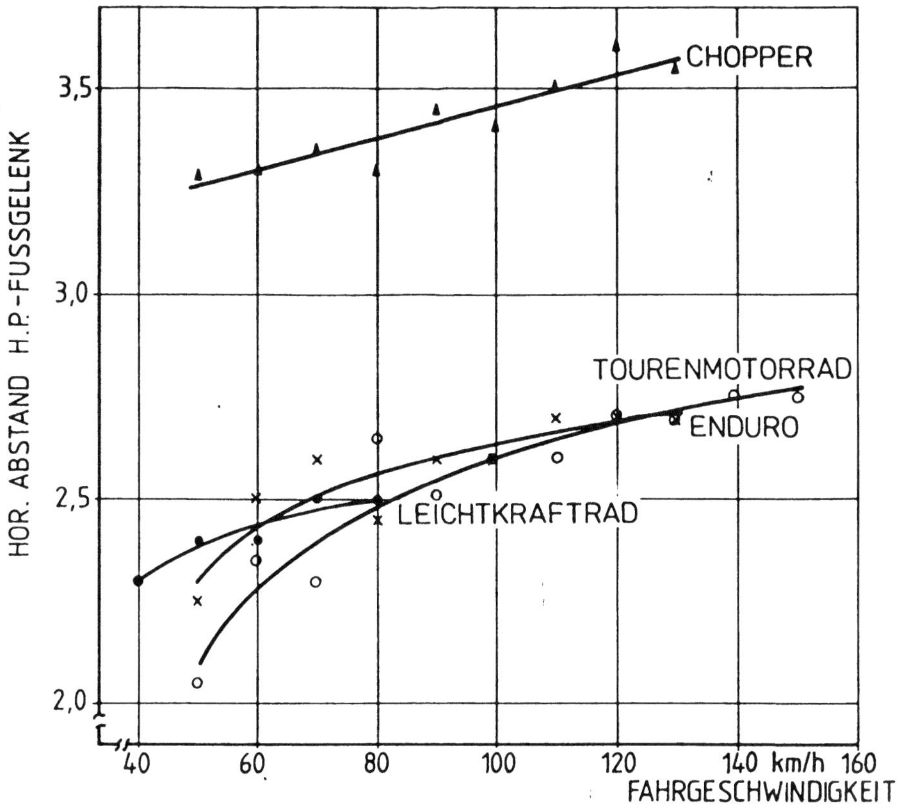

Diagramm 4.3: Änderung der Sitzposition des Fahrers B

größer wird. Der Vergleich mit der Sitzposition des Fahrers A (Diagramm 4.1) zeigt weiter, daß Fahrer B, der eine 9 cm größere Körperlänge als Fahrer A aufweist, eine auf der Sitzbank weiter hinten liegende Sitzposition einnimmt.

Die Änderungen des Knie-, des Hüft- und des Ellenbogenwinkels des Fahrers B auf den vier Versuchsmotorrädern als Funktion der Fahrgeschwindigkeit sind in Diagramm 4.4 dargestellt.

Bei dem Leichtkraftrad und dem Tourenmotorrad ist durch die Verlagerung des Hüftpunktes nach hinten eine Abnahme von Hüft- und Ellenbogenwinkel bei gleichzeitiger Zunahme des Kniewinkels zu verzeichnen. Bei der Enduro wird wegen der zusätzlichen Fußverlagerung nach hinten auch der Kniewinkel geringfügig kleiner. Mit zunehmend aufrechter Oberkörperhaltung (Hüftwinkel wird größer) bleibt bei Fahrer B trotz geringfügigen Anstiegs des Kniewinkelwertes der Ellenbogenwinkel annähernd konstant.

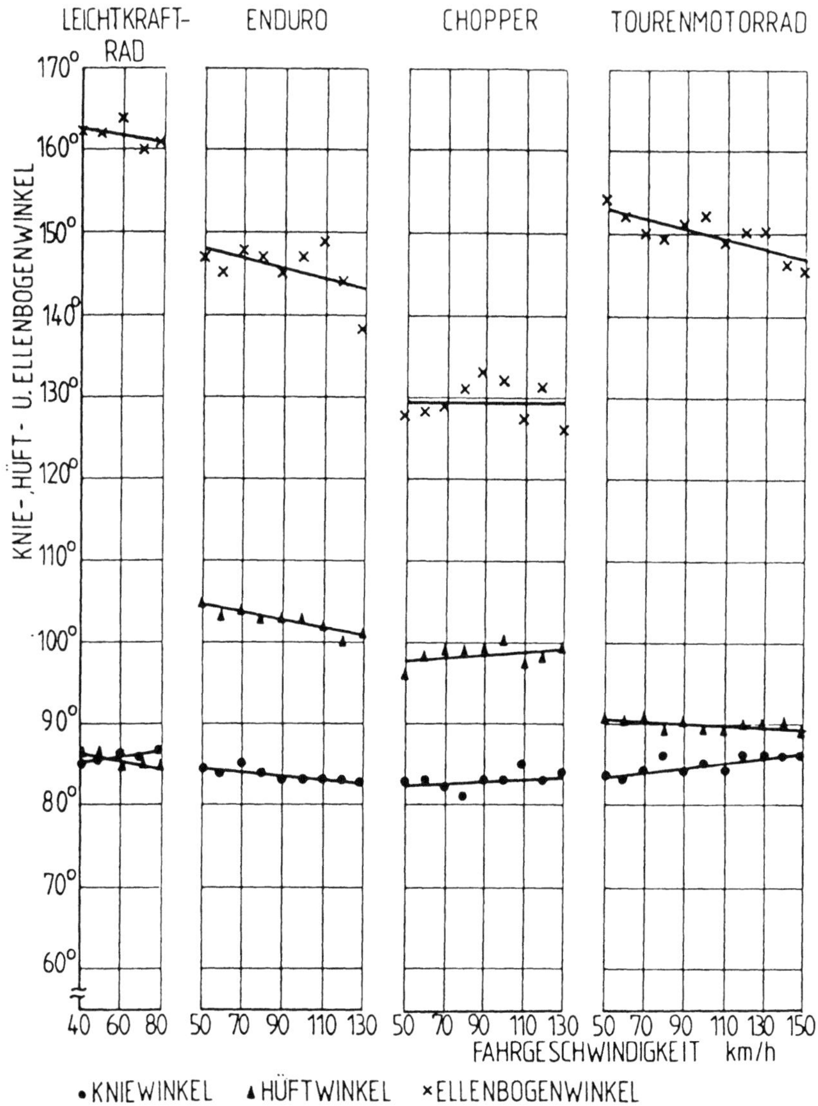

Diagramm 4.4: Knie-, Hüft- und Ellenbogenwinkeländerung beim Fahrer B

In Diagramm 4.5 ist die Sitzpositionsänderung des Fahrers C als Funktion der Fahrgeschwindigkeit dargestellt.

Beim 182 cm großen Fahrer C ist ebenfalls die gleiche relative Rückwärtsverlagerung der Hüfte wie bei den beiden anderen Fahrern festzustellen. Weiterhin ist festzustellen, daß der Fahrer C aufgrund seiner Körpergröße mit Ausnahme auf der Chopper-Maschine weiter hinten auf der Sitzbank sitzt als der 173 cm große Fahrer B (vgl. Diagramm 4.3).

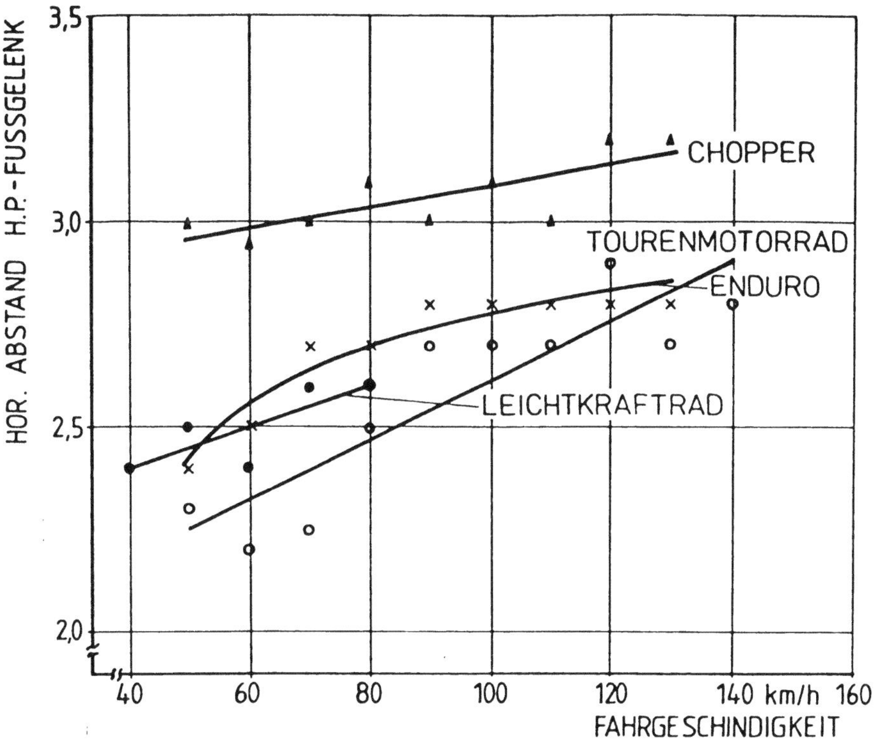

Diagramm 4.5: Änderung der Sitzposition des Fahrers C

Die Knie-, Hüft- und Ellenbogenwinkeländerungen beim Fahrer C sind dem Diagramm 4.6 zu entnehmen.

Bei der Betrachtung der im Diagramm 4.6 eingezeichneten Werte des Hüft- und des Ellenbogenwinkels ist festzustellen, daß die Änderungen der Oberkörperhaltung im allgemeinen häufig und groß waren. Diese ergaben weitgehend größere Änderungen als bei den beiden anderen Fahrern, die Kurvenverläufe sind jedoch ähnlich zu erklären.

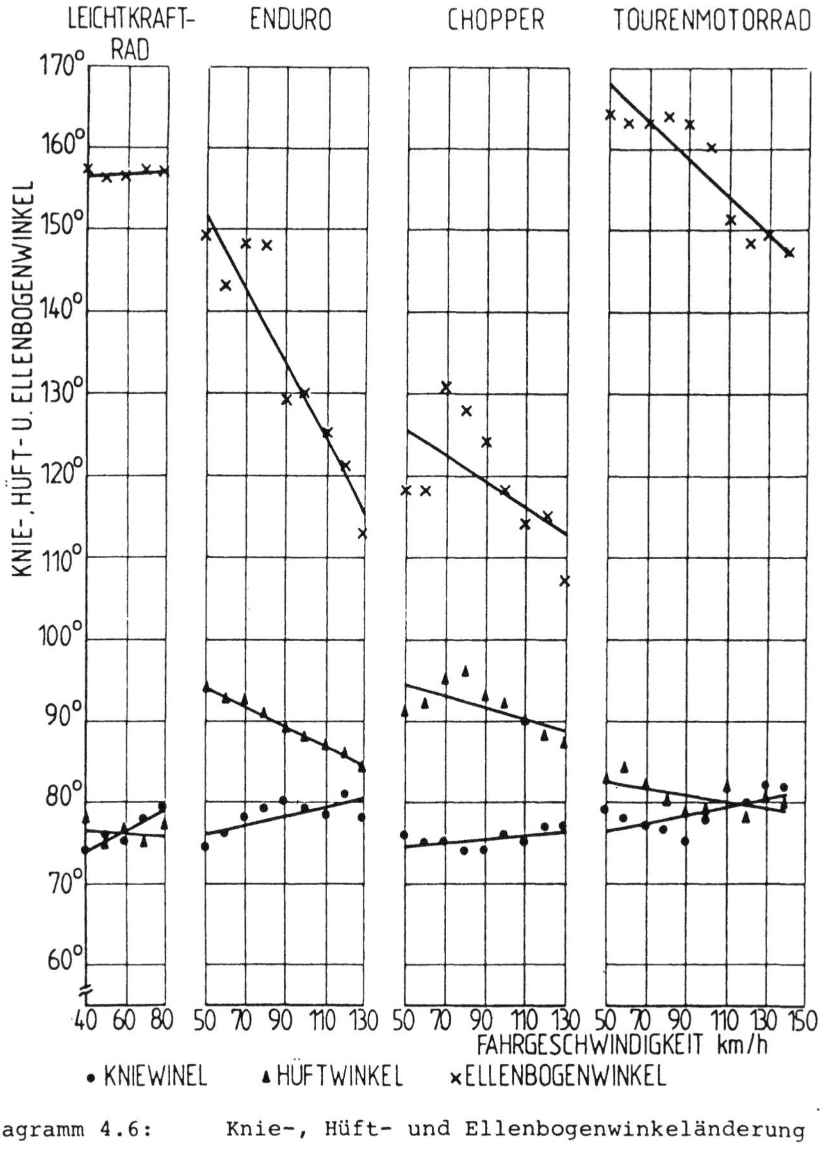

Diagramm 4.6: Knie-, Hüft- und Ellenbogenwinkeländerung beim Fahrer C

4.2.6 Zusammenfassung der Ergebnisse der Fahrversuche

Die Ergebnisse der Fahrversuche können folgendermaßen zusammengefaßt werden:

- Der Motorradfahrer versucht bei steigenden Fahrgeschwindigkeiten im allgemeinen durch eine relative Verlagerung der Hüfte nach hinten und eine gleichzeitig stärkere Neigung des Oberkörpers nach vorne die angreifenden Windkräfte zu reduzieren.

- Die Sitzposition und die Körperhaltung des Motorradfahrers sind eindeutig geschwindigkeitsabhängig.
- Die drei untersuchten Motorradfahrer nehmen trotz unterschiedlicher Körpergröße auf dem gleichen Motorrad ähnliche Körperhaltungen ein.
- Die Körperhaltung des Motorradfahrers wird im wesentlichen durch seine Oberkörperhaltung charakterisiert. Diese hängt in starkem Maße von der jeweiligen Motorrad-Fahrerplatzgestaltung und -Gattung ab. Der Oberkörper ist auf dem Tourenmotorrad und dem Leichtkraftrad stark nach vorne geneigt. Auf dem Chopper und der Enduro hat der Oberkörper hingegen eine eher aufrechte Haltung.
- Die unterschiedlichen Fahrer-Körpergrößen beeinflussen vorwiegend die Oberkörperhaltung (unterschiedlich große Hüft- und Ellenbogenwinkel), die Unterkörperhaltung bleibt hingegen annähernd gleich (Kniewinkel der drei Fahrer in etwa gleich groß).

4.3 Ermittlung der Sitzposition und der Körperhaltung der Motorradfahrer im Laborversuch

Die Ermittlung der Sitzposition und der Körperhaltung des Motorradfahrers im Rahmen dieses Forschungsprojektes sollte mittels einer photographischen Meßmethode in Standmessungen erfolgen. Da diese jedoch sehr stark von der Fahrgeschwindigkeit abhängen (vgl. Kap. 4.2.5), mußte zunächst untersucht werden, inwieweit die im Fahrversuch ermittelten Sitzpositionen und Körperhaltungen mit denen aus den Standmessungen übereinstimmen.

Im Rahmen umfangreicher Vorversuche wurden daher die Sitzpositionen und Körperhaltungen mehrerer Versuchspersonen, sowohl im Fahr- als auch im Standversuch, ermittelt und miteinander verglichen. Die Vergleiche zeigten, daß die Übereinstimmung als recht gut angesehen werden kann. Die ausgewerteten Bilder zeigten, daß die in den Standmessungen ermittelten Fahrersitzpositionen in den Bereichen liegen, die vorher in den Fahrversuchen bei mittleren Fahrgeschwindigkeiten gemessen wurden. Die wichtigsten Winkel zwischen den einzelnen Körperteilen in der Seitenansicht (Ellenbogen-, Hüft- und Kniewinkel) waren mit einer geringen Abweichung von maximal $\pm$ 5° anhähnernd gleich.

Bild 4.9 zeigt ein Beispiel für die ausgewerteten Bilder.

Bild 4.9 : Sitzposition und Körperhaltung im Fahr- und im Standversuch

4.3.1 Versuchsaufbau, -ablauf und -bedingungen

Der Versuchsaufbau bestand aus der in Kap. 3.2.2 bereits beschriebenen Meßvorrichtung und einer Kamera. Das zur Messung vorgesehene Motorrad wurde im Bodenteil der Meßvorrichtung so befestigt, daß Einfederungen des Motorrades aufgrund des Fahrergewichtes möglich waren. Der Fotoapparat wurde so plaziert, daß die Objektivachse immer senkrecht in der Mitte der Fahrer-Motorrad-Symmetrieebene in einem bei jedem Motorrad fest definierten und markierten Punkt stand (vgl. Bild 4.6). Der Abstand zwischen Motorrad-Symmetrieebene und Filmebene wurde zur Erzielung verzerrungsarmer Bilder auf 8 m festgelegt. Der maximale Meßfehler, der durch die unterschiedlich großen Abstände der Körperpunkte zur Filmebene zustande kommt, beträgt bei dieser Anordnung im interessanten Meßbereich nur + 3,5 %.

Zur Ermittlung der Sitzposition und der Körperhaltung eines Motorradfahrers mußte dieser auf dem jeweiligen Motorrad die entsprechende Fahrsitzposition und -körperhaltung einnehmen, die er bei einer Geradeausfahrt mit normaler Reisegeschwindigkeit ohne Ausführung jeglicher Bedienfunktion einnehmen würde. Die Lagen der wichtigsten Körperpunkte wurden von der Seite durch Abtasten ermittelt und mit selbstklebenden Punkten auf der gegen Verrutschen gesicherten Kleidung kenntlich gemacht. Zur späteren Auswertung wurde die Sitzposition und die Körperhaltung jedes Motorradfahrers dann photographisch festgehalten.

Ein wichtiges Ziel bei der Durchführung dieser Untersuchung war es, die Sitzposition und die Körperhaltung möglichst vieler Motorradfahrerinnen und -fahrer zu berücksichtigen. Aus Gründen der zeitlichen Verfügbarkeit von Versuchspersonen konnten jedoch die Sitzpositionen und Körperhaltungen von nur 32 Fahrern berücksichtigt werden, von denen je nach Motorrad jeweils 18 bis 29 Fahrer photographiert wurden. Es handelte sich dabei um 4 weibliche und 28 männliche aktive Motorradfahrer. Die wichtigsten Angaben zu den Versuchspersonen der einzelnen Motorräder sind in Tabelle 4.3 zusammengefaßt.

	Tourenmotorrad	Chopper	Enduro	Leichtkraftrad
Anzahl der Versuchspersonen	19	29	25	18
weiblich	1	4	3	3
männlich	18	25	22	15
Körpergröße [cm]				
Minimum	164	158	158	158
Maximum	190	190	190	190
Durchschnitt	182,1	179,3	180,8	177,3
Körpergewicht [kg]				
Minimum	63	49	49	49
Maximum	100,5	100,5	100,5	85
Durchschnitt	77,5	72,7	74,1	68,8

Tabelle 4.3 : Angaben zu den Versuchspersonen

4.3.2 Auswertung der Versuchsergebnisse

Die im Rahmen der Standmessungen ermittelten Sitzpositionen und Körperhaltungen standen für die Auswertung in Form vergrößerter Photos zur Verfügung. Aus diesen Photos konnten unter Berücksichtigung der Lage der Objektivachse, der bedingten geringen optischen Verzerrungen und des Vergrößerungsmaßstabes sowohl die Koordinaten der Körperpunkte in der X-Z-Ebene als auch die Winkel zwischen den Körperteilen in dieser Ebene genau abgelesen werden.

Wie bereits in Kapitel 2.3 erläutert, sollten die Lagen der charakteristischen Körperpunkte integral erfaßt werden. Dies bedeutet, daß z.B. zur Beschreibung der Hüftpunktlage der Motorradfahrer auf einem bestimmten Motorrad, die Hüftpunktlagen aller auf diesem Motorrad photographierten Motorradfahrer berücksichtigt werden müssen.

Die Ergebnisse dieser integralen Erfassung werden zweckmäßigerweise als Ellipsen in festdefinierten Koordinatensystemen angegeben und dargestellt. Die Größe und die Lage dieser Ellipsen hängen vor allem von der berücksichtigten Fahrerpopulation, der Größe der nutzbaren Sitzbanklänge, der Lage des Bezugspunktes des Koordinatensystems und der Prozentzahl der Ellipse selbst ab. So ist eine 95 %-Ellipse, an der jede Tangente den gemessenen Punktbereich in zwei Teile mit jeweils 5 % bzw. 95 % der Punkte teilen, größer als eine 90 %-Ellipse, bei der die durch die Tangente getrennten Teile 10 % bzw. 90 % der Punkte beinhalten. Die Bedeutung der Ellipsengröße soll am Beispiel einer 95 %-Hüftellipse verdeutlicht werden.

Bild 4.10 zeigt eine schematische Darstellung dieser Ellipse mit zwei horizontalen und zwei vertikalen Tangenten. Laut Definition der Ellipse liegen 5 % der gemessenen Hüftpunkte oberhalb der Tangente 1, 5 % unterhalb der Tangente 2, 5 % vor der Tangente 3 und 5 % hinter der Tangente 4. Dies bedeutet weiter, daß 90 % der Hüftpunkte zwischen den Tangenten 1 und 2 bzw. zwischen den Tangenten 3 und 4 und daß ca. 80 % der Punkte in dem durch die vier Tangenten begrenzten Rechteck liegen.

Zur Beschreibung der Lage dieser Ellipsen wurden zwei Koordinatensysteme definiert. Das erste Koordinatensystem ist fahrzeug-

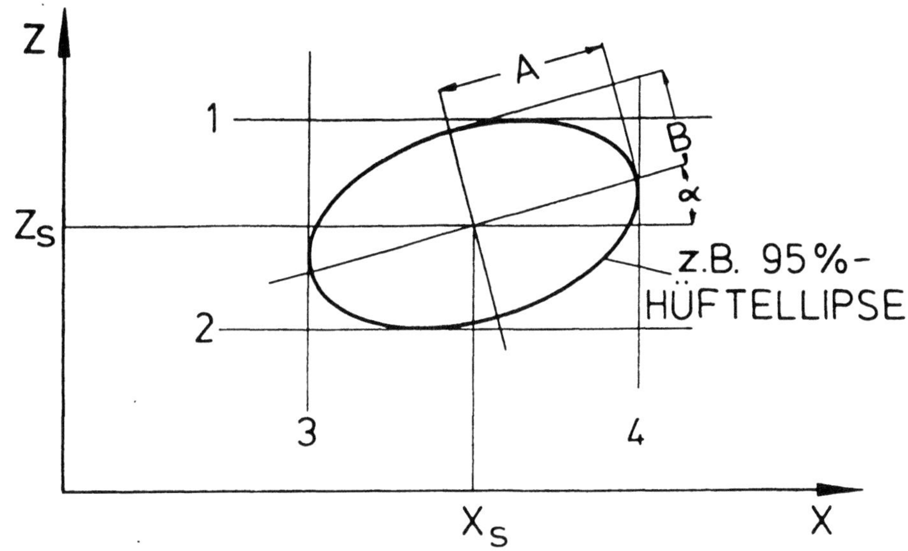

Bild 4.10 : Beispiel einer 95 %-Hüftellipse

fest mit dem Ursprung im Vorderradauflagepunkt. Das zweite ist körperfest mit dem Ursprung im Fußgelenkpunkt des Fahrers. Die Achsen beider Koordinatensysteme verlaufen horizontal bzw. vertikal. Im fahrzeugfesten Koordinatensystem können die genauen Lagen der Körperpunkte zu bestimmten Fahrzeugpunkten bzw. -komponenten - z.B. Hüftpunkt zum Lenker - genau beschrieben werden. Im körperfesten Koordinatensystem können die einzelnen Körperhaltungen der Fahrer und die dazwischen auftretenden Unterschiede stärker berücksichtigt und beschrieben werden.

Die Ellipsenberechnung wurde mit Hilfe eines digitalen Rechenprogramms durchgeführt, das, ausgehend von den eingegebenen Koordinaten des jeweiligen Körperpunktes, die zur Beschreibung der Ellipse notwendigen Daten lieferte.

Weiterhin wurden mit Hilfe weiterer Rechenprogramme die Zusammenhänge zwischen den Lagen der charakteristischen Körperpunkte sowie zwischen den wichtigsten Winkeln und der Hüftpunktlage für die jeweilige Motorrad-Fahrerplatzkonfiguration berechnet und dargestellt.

Diese Zusammenhänge werden in den Diagrammen so dargestellt, daß ausgehend von der Kniepunktlage, die entlang der dafür berechneten Kurve unter Berücksichtigung der Unterkörperhaltung beliebig festgelegt werden kann, die Lagen der restlichen Körperpunkte in der X-Z-Ebene ermittelt werden können. Die Abstände zwischen den Körperpunkten entsprechen dabei den Projektionen der tatsächlichen Abstände in der X-Z-Ebene. Die in dieser Ebene gemessenen Knie- und Hüftwinkel wurden als Funktion der Sitzposition (horizontaler Abstand zwischen Hüftpunkt und Fußpunkt) berechnet und ebenfalls dargestellt.

Weitere zur Beschreibung der Sitzposition und Körperhaltung wichtige Daten werden in Form von Tabellen zusammengefaßt.

4.3.3 Darstellung und Beschreibung der Sitzposition und der Körperhaltung der Motorradfahrer für die vier repräsentativen Motorrad-Fahrerplatzkonfigurationen

4.3.3.1 Sitzposition und Körperhaltung auf dem Tourenmotorrad

Bild 4.11 zeigt die Sitzposition und die Körperhaltung einer der 19 Versuchspersonen auf dem Tourenmotorrad.

Bild 4.11 : Fahrersitzposition und -körperhaltung auf dem Tourenmotorrad

Bild 4.12 zeigt eine schematische Darstellung der Sitzposition und der Körperhaltung auf dem Tourenmotorrad. In diesem Bild sind die zur Beschreibung der Lagen der charakteristischen Körperpunkte berechneten 95 %-Ellipsen maßstabs- und lagegerecht im fahrzeugfesten Koordinatensystem eingezeichnet.

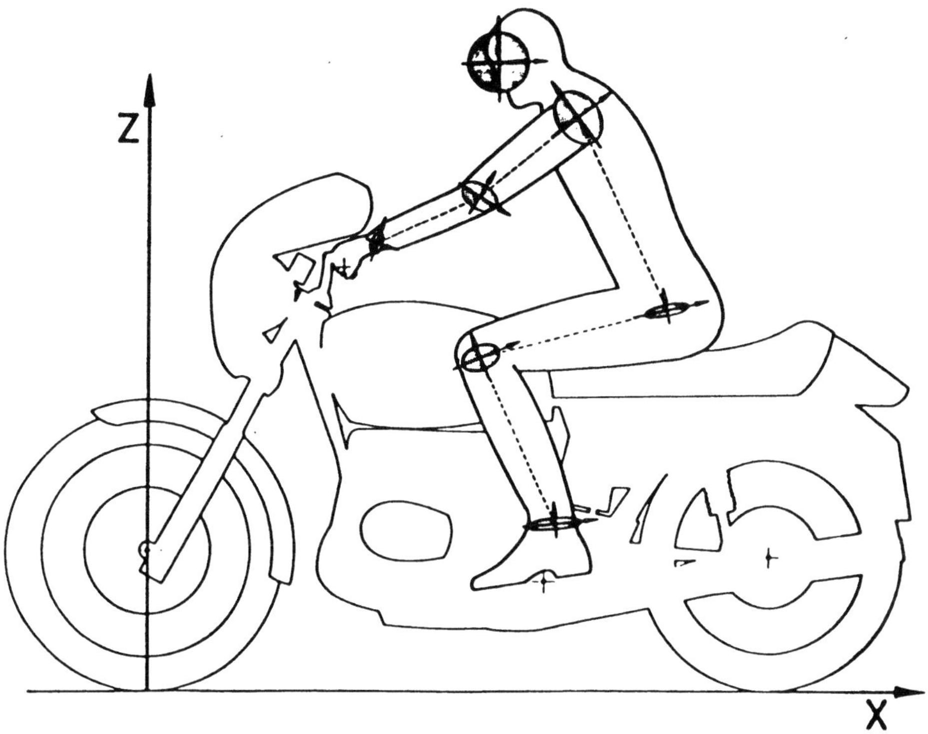

Bild 4.12 : Sitzposition und Körperhaltung auf dem Tourenmotorrad mit den entsprechenden 95 %-Körperpunktellipsen im fahrzeugfesten Koordinatensystem

Mit einer mittleren Hüftpunkthöhe von 877 mm sitzt der Fahrer im allgemeinen hoch. Bei stark gestreckten Armen und nach vorne geneigtem Oberkörper weist er außerdem eine relativ weit hinten liegende Sitzposition auf.

Eine Betrachtung dieser Ellipsen zeigt, daß die Lagen der Fuß-, Hüft- und Handgelenkpunkte, charakterisiert durch die entsprechenden Ellipsen, wegen der vorgegebenen Lage und vorgegebenen Form von Fußraste, Sitzbank und Lenkergriff nur in relativ kleinen Bereichen variieren. Die Körperpunkte, deren Lage nicht unmittelbar durch ein Fahrzeugteil eingeschränkt wird, können ihre Lage in entsprechend größeren Bereichen ändern.

In Tabelle 4.4 sind die wichtigsten Angaben zu den im fahrzeugfesten Koordinatensystem berechneten Ellipsen zusammengefaßt. Durch die Angabe der Mittelpunktkoordinaten X_S und Z_S, der Größe der Halbachsen A und B sowie der Neigung α der Hauptträgheits-

Ellipse	x_S [mm]	z_S [mm]	α [Grad]	A [mm]	B [mm]	σ
Fußellipse	966,0	382,8	5,4	59	14	4,59
Knieellipse	789,2	769,3	22,3	45	31	3,74
Hüftellipse	1218,3	877,1	12,0	51	13	3,78
Schulterellipse	1007,7	1319,7	36,9	47	65	3,02
Ellenbogenellipse	779,3	1139,6	-32,1	44	29	3,74
Handellipse	542,4	1031,0	-17,7	15	25	2,64
Augenellipse	826,8	1448,4	1,2	67	67	3,41

Tabelle 4.4 : Daten der 95 %-Körperpunktellipsen im fahrzeugfesten Koordinatensystem beim Tourenmotorrad

achse A ist sowohl die Lage als auch die Größe jeder Ellipse eindeutig beschrieben.

Da zur Berechnung der Ellipsen nur eine relativ kleine endliche Anzahl von Körperpunkten berücksichtigt wurde, können die Ellipsentangenten den gemessenen Punktbereich nicht immer in die zwei 5 %- und 95 %-Bereiche teilen. Der Wert 95 % gilt daher als Mittelwert, zu dessen Vervollständigung die Standardabweichung σ angegeben wird. Die angegebene Halbachsenkombination stellt dabei eine Ellipse dar, bei der die Standardabweichung am geringsten ist.

In Bild 4.13 sind die für das körperfeste Koordinatensystem, also bezogen auf den Fußpunkt, berechneten Ellipsen dargestellt. Tabelle 4.5 enthält dazu die wichtigsten Angaben.

Ein Vergleich der Ellipsen im körperfesten Koordinatensystem, dessen Ursprungspunkt mit dem Mittelpunkt der Fußellipse aus Bild 4.12 übereinstimmt, mit denen im fahrzeugfesten Koordinatensystem zeigt, daß die relative Lage der Ellipsen unverändert blieb, daß sich jedoch die Größe und die Neigung der Ellipsen erheblich unterscheiden. Diese Unterschiede kommen dadurch zustande, daß im körperfesten Koordinatensystem die Körperhaltungen der Motorradfahrer und damit die Änderungen der die Körperhaltung beschreibenden Körperpunktlagen stärker berücksichtigt werden als im fahrzeugfesten Koordinatensystem.

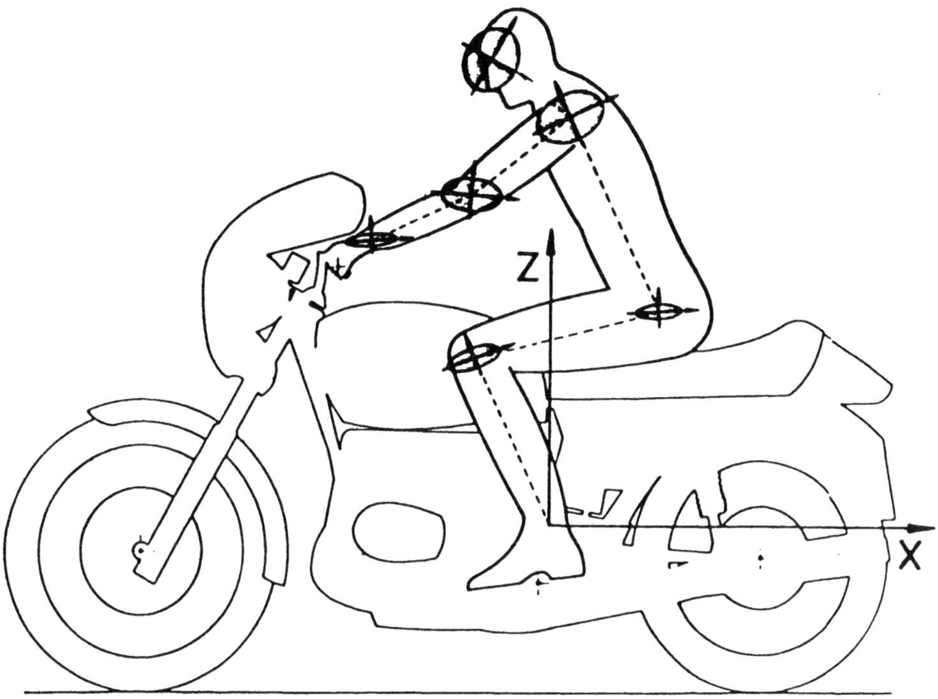

Bild 4.13 : Sitzposition und Körperhaltung auf dem Tourenmotorrad mit den entsprechenden 95 %-Körperpunktellipsen im körperfesten Koordinatensystem

Ellipse	x_S [mm]	z_S [mm]	α [Grad]	A [mm]	B [mm]	σ
Knieellipse	-176,8	386,4	19,4	63	24	4,21
Hüftellipse	252,3	494,3	1,4	55	17	2,29
Schulterellipse	41,7	936,9	23,7	79	53	3,31
Ellenbogenellipse	-186,7	756,8	- 3,9	69	38	3,76
Handellipse	-423,5	648,2	3,2	64	15	4,52
Augenellipse	-139,2	1065,5	-28,5	58	79	2,33

Tabelle 4.5 : Daten der 95 %-Körperpunktellipsen im körperfesten Koordinatensystem beim Tourenmotorrad

Zur weiteren Beschreibung der relativen Lagen der charakteristischen Körperpunkte der Motorradfahrer zueinander, sind die berechneten charakteristischen Zusammenhänge in den Diagrammen 4.7 bis 4.9 dargestellt.

Diagramm 4.7 zeigt den Zusammenhang zwischen der horizontalen und der vertikalen Kniepunktlage bezogen auf den Fußpunkt (Fußpunktkoordinaten X = Z = O). Die aus den eingezeichneten Meßpunkten mit einem guten Korrelationsfaktor berechnete Kurve zeigt im Meßbereich einen degressiven Verlauf. Die Punkte auf dieser Kurve geben die Lage des Kniepunktes eines mittleren Motorradfahrers an, der theoretisch durch eine Zufallskombination der untersuchten Fahrer gebildet wird. Würde man bei diesem Fahrer X_{Knie} auf - 200 mm festlegen, so ergäbe sich eine Kniepunkthöhe zu Z_{Knie} = 384 mm.

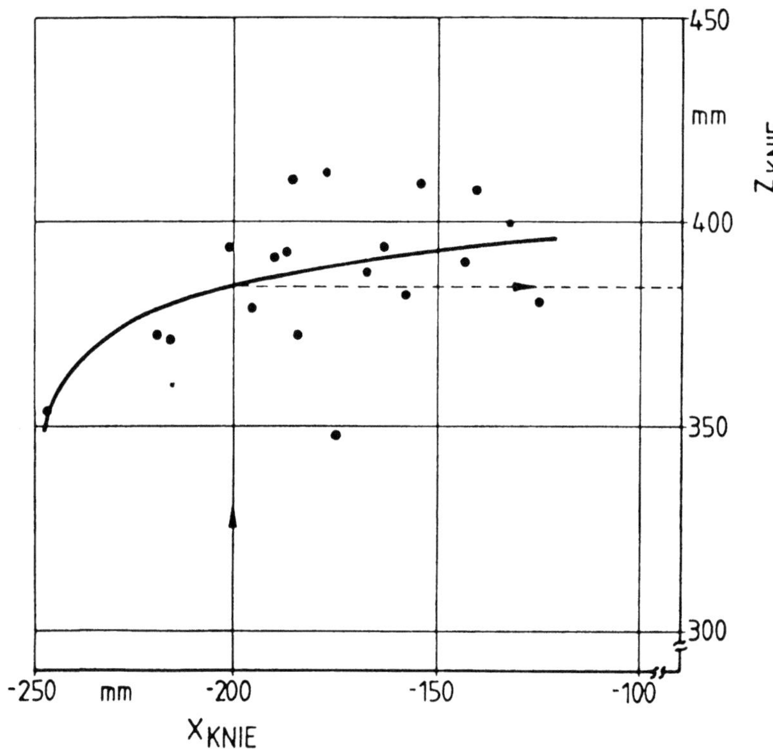

Diagramm 4.7: Lage der Kniepunkte der Motorradfahrer beim Tourenmotorrad bezogen auf den Fußpunkt

In den Diagrammen 4.8 und 4.9 sind die weiteren Zusammenhänge zwischen den X- und den Z-Koordinaten der Körperpunkte im körperfesten Koordinatensystem dargestellt. Diese zeigen unterschiedliche lineare, degressive und progressive Verläufe.

Ausgehend von den Kniepunktkoordinaten aus Diagramm 4.7 können die Lagen der restlichen Körperpunkte hinsichtlich der X- und der Z-Koordinaten mit Hilfe der Diagramme 4.8 bzw. 4.9 festge-

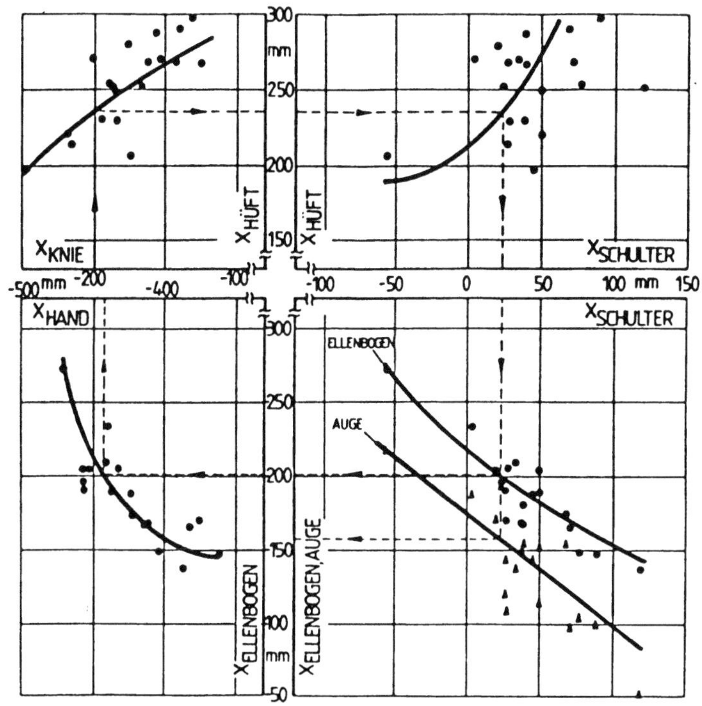

Diagramm 4.8: Zusammenhänge der X-Koordinaten der Körperpunkte beim Tourenmotorrad

legt werden. Für das bereits genannte Beispiel mit X_{Knie} = - 200 mm und Z_{Knie} = 384 mm ergeben sich für die übrigen Punkte folgende Koordinaten:

$X_{Hüft}$	= 235 mm	$Z_{Hüft}$	= 494 mm
$X_{Schulter}$	= 22 mm	$Z_{Schulter}$	= 933 mm
X_{Auge}	= - 159 mm	Z_{Auge}	= 1052 mm
$X_{Ellenbogen}$	= - 200 mm	$Z_{Ellenbogen}$	= 753 mm
X_{Hand}	= - 443 mm	Z_{Hand}	= 643 mm

Die Sitzposition und die Körperhaltung des Fahrers in der Seitenansicht ist durch die Angabe der Körperpunktkoordinaten damit eindeutig beschrieben. Die sich zwischen den Körperteilen einstellenden Winkel in der X-Z-Ebene, also die Projektion dieser räumlichen Winkel in die Ebene können ausgerechnet bzw. aus der entsprechenden Zeichnung abgelesen werden.

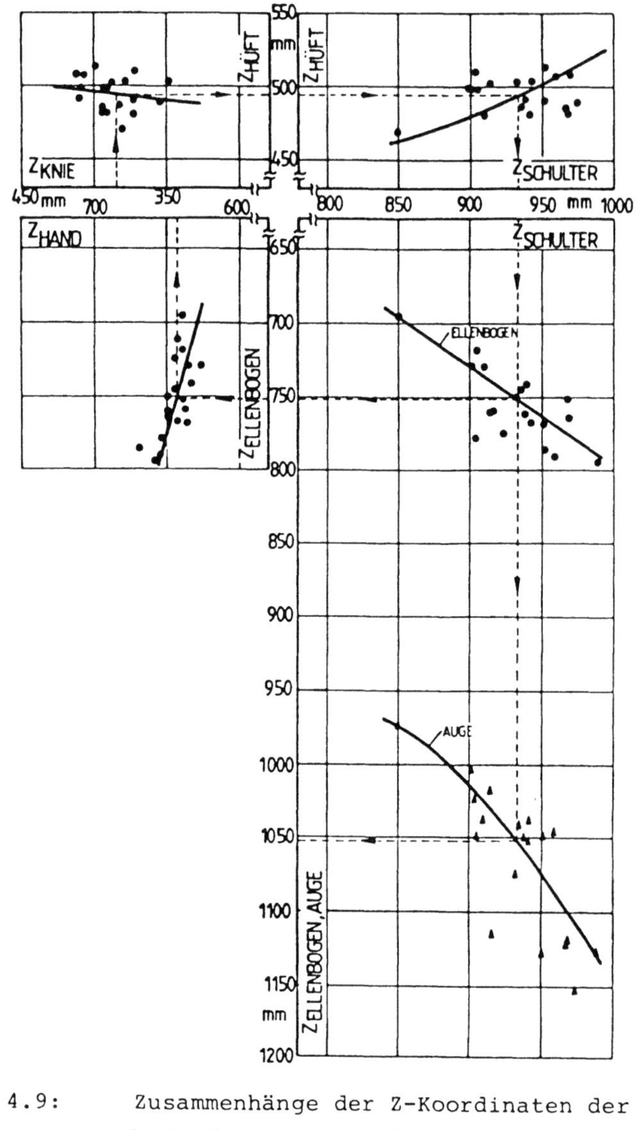

Diagramm 4.9: Zusammenhänge der Z-Koordinaten der Körperpunkte beim Tourenmotorrad

In Diagramm 4.10 sind die Zusammenhänge zwischen dem Knie- bzw. Hüftwinkel und der Sitzposition des Fahrers, angegeben durch den horizontalen Abstand zwischen dem Hüftpunkt und dem Fußpunkt, berechnet und dargestellt.

Die Kniewinkeländerung hat im Meßbereich einen degressiven Verlauf. Durch diesen Verlauf wird deutlich, daß große Motorradfahrer, die relativ weit hinten auf der Sitzbank sitzen, einen entsprechend großen Kniewinkel aufweisen.

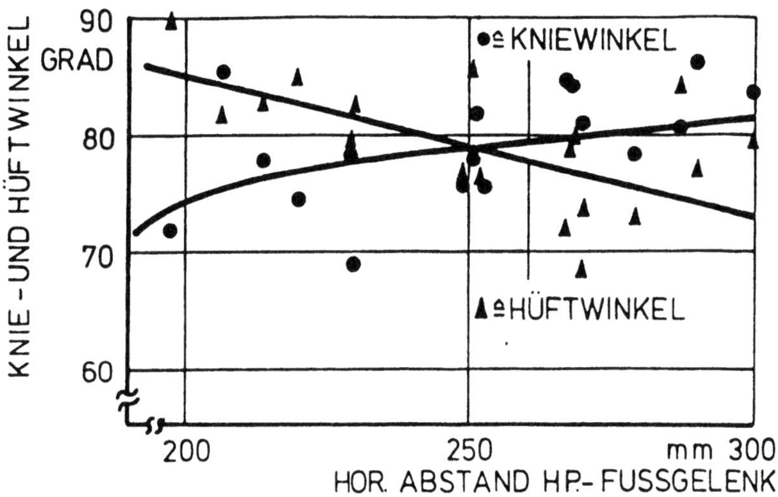

Diagramm 4.10: Knie- und Hüftwinkeländerung in Abhängigkeit von der Sitzposition beim Tourenmotorrad

Die Hüftwinkeländerung als Funktion der Sitzposition zeigt einen linearen Verlauf. Danach haben große Motorradfahrer verhältnismäßig kleine Hüftwinkel. Dies bedeutet, daß diese Fahrer ihren Oberkörper stärker nach vorne neigen als die kleineren weiter vorne sitzenden Fahrer.

In Tabelle 4.6 sind die wichtigsten, in der Seitenansicht gemessenen Körperwinkel zusammengefaßt.

Körperwinkel	minimal [Grad]	maximal [Grad]	Mittelwert [Grad]
Fußwinkel	65,5	112,0	82,3
Kniewinkel	72,0	86,6	79,6
Hüftwinkel	68,4	89,5	78,7
Oberarm-Rumpf-Winkel	66,2	85,4	77,3
Ellenbogenwinkel	156,3	175,4	167,4

Tabelle 4.6 : Körperwinkel in der Seitenansicht beim Tourenmotorrad

Abschließend kann die Sitzposition und die Körperhaltung der Versuchspersonen auf dem Tourenmotorrad wie folgt beschrieben werden:

Die Versuchspersonen sitzen auf dem Tourenmotorrad relativ hoch (Hüftpunkthöhe ca. 877 mm) und nehmen dabei eine sportliche, relativ stark nach vorne geneigte Oberkörperhaltung ein (Hüftwinkel ca. 79°, Ellenbogenwinkel ca. 167°, Handgelenkhöhe ca. 1030 mm). Diese Körperhaltung ergibt sich aus dem sportlichen Charakter dieses Motorrades.

4.3.3.2 Sitzposition und Körperhaltung auf dem Chopper

Bild 4.14 zeigt die Sitzposition und die Körperhaltung einer der 29 Versuchspersonen auf dem Chopper.

Bild 4.14 : Fahrersitzposition und -körperhaltung auf dem Chopper

Die bei den 29 Versuchspersonen integral erfaßten Lagen der charakteristischen Körperpunkte im fahrzeugfesten Koordinatensystem sind durch die Fuß-, Knie-, Hüft-, Schulter-, Ellenbogen-, Hand- und Augenellipsen in Bild 4.15 schematisch dargestellt.

Die Sitzposition auf diesem Motorrad wird durch die bei dieser Motorradgattung übliche stufenartige Sitzbankform stark beeinflußt und eingeschränkt. Die Hüftpunkte von 90 % der Versuchspersonen liegen unter Berücksichtigung der Neigung und der Größe der 95 %-Hüftellipse in einem horizontalen Bereich von nur 87 mm. Wegen der stark unterschiedlichen Körper- bzw. Armgrößen und der hohen Lenkergriffe ändert sich die Lage des Ellenbogens vornehmlich in vertikaler Richtuung. Die Kniepunkte ändern ihre Lage in horizontaler und vertikaler Richtung in etwa gleich großen Bereichen. Dies ist vor allem auf den in horizontaler Richtung stark eingegrenzten effektiven Sitzbereich zurückzuführen.

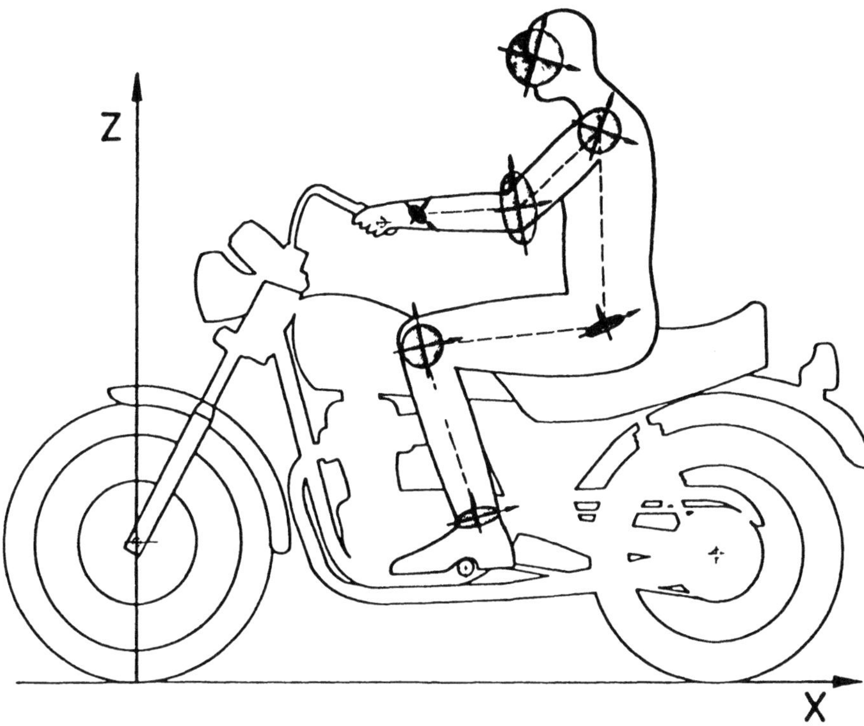

Bild 4.15 : Sitzposition und Körperhaltung auf dem Chopper mit den entsprechenden 95 %-Körperpunktellipsen im fahrzeugfesten Koordinatensystem

In Tabelle 4.7 sind die Daten der Körperpunktellipsen vom Bild 4.15 angegeben. Diese 95 %-Ellipsen haben hier aufgrund der größeren Anzahl der Versuchspersonen deutlich kleinere Standardabweichungen als die 95 %-Ellipsen bei dem bereits diskutierten Tourenmotorrad.

Bild 4.16 zeigt die Sitzposition und die Körperhaltung der Motorradfahrer auf dem Chopper im körperfesten Koordinatensystem. Die entsprechend auf den Fußpunkt bezogenen 95 %-Körperpunktellipsen sind in diesem Bild ebenfalls eingezeichnet.
Diese Ellipsen zeigen, daß die Körperpunkte des Fahrers im Bezug auf den Fußpunkt in relativ größeren Bereichen liegen, und daß sie sich in anderen Richtungen bewegen als im fahrzeugfesten Koordinatensystem.

Ellipse	x_S [mm]	z_S [mm]	α [Grad]	A [mm]	B [mm]	σ
Fußellipse	812,7	382,1	14,7	51	20	2,08
Knieellipse	680,6	778,9	11,9	48	49	2,91
Hüftellipse	1116,8	826,1	23,5	47	12	2,94
Schulterellipse	1100,3	1272,2	-19,0	49	53	2,99
Ellenbogenellipse	906,7	1096,6	10,6	37	82	3,49
Handellipse	663,0	1082,9	-38,2	24	13	2,18
Augenellipse	942,4	1443,1	-14,7	66	62	2,24

Tabelle 4.7: Daten der 95 %-Körperpunktellipsen im fahrzeugfesten Koordinatensystem beim Chopper

Bild 4.16 : Sitzposition und Körperhaltung auf dem Chopper mit den entsprechenden 95 %-Körperpunktellipsen im körperfesten Koordinatensystem

Die wichtigsten Daten dieser Ellipsen sind der Tabelle 4.8 zu entnehmen.

Ellipse	x_S [mm]	z_S [mm]	α [Grad]	A [mm]	B [mm]	σ
Knieellipse	-132,0	396,9	39,8	84	39	2,91
Hüftellipse	304,2	444,0	22,5	71	19	1,74
Schulterellipse	287,7	890,2	3,4	87	54	1,87
Ellenbogenellipse	94,0	714,5	21,9	40	99	3,62
Handellipse	-149,6	700,9	7,6	44	28	2,21
Augenellipse	129,7	1061,1	5,0	81	61	2,63

Tabelle 4.8: Daten der 95 %-Körperpunktellipsen im körperfesten Koordinatensystem beim Chopper

Der Zusammenhang zwischen der horizontalen und der vertikalen Kniepunktlage der auf dem Chopper untersuchten Motorradfahrer ist in Diagramm 4.11 dargestellt. Die aus den Meßpunkten berechnete Kurve verläuft im Meßbereich linear. Die meisten Kniepunkte liegen zwischen 100 und 200 mm vor und zwischen 350 und 450 mm über dem Fußpunkt.

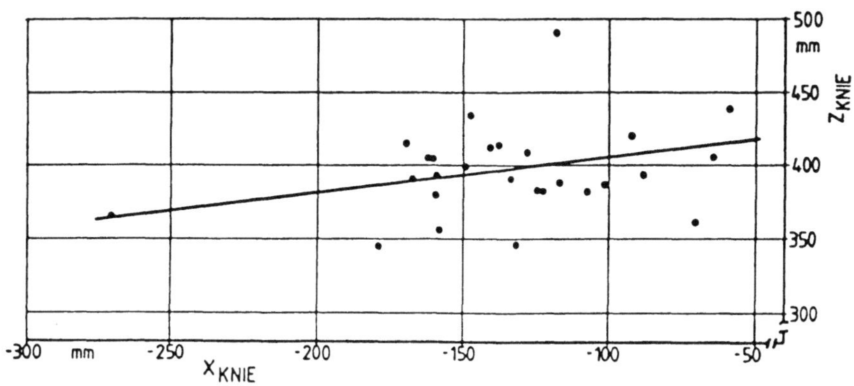

Diagramm 4.11: Lage der Kniepunkte der Motorradfahrer beim Chopper bezogen auf den Fußpunkt

In Diagramm 4.12 sind die berechneten Beziehungen zwischen den X-Koordinaten der Körperpunkte dargestellt. Sie zeigen alle einen linearen Verlauf.

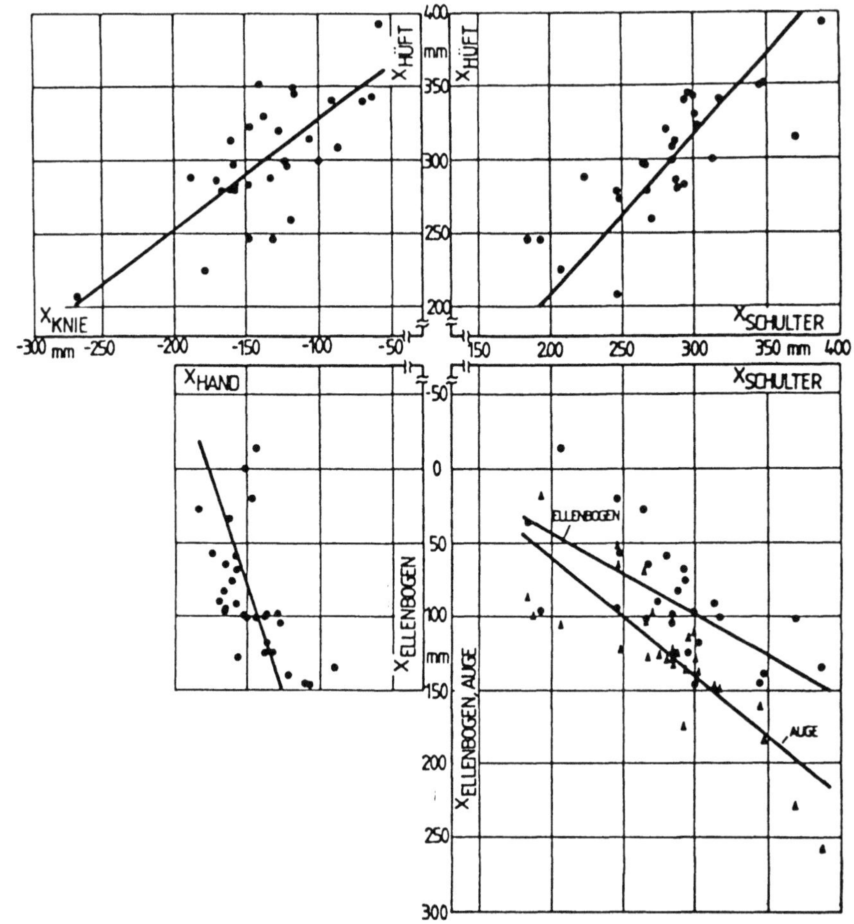

Diagramm 4.12: Zusammenhänge der X-Koordinaten der Körperpunkte beim Chopper

Mit kleiner werdendem Abstand zwischen Kniepunkt und Fußgelenk vergrößern sich die Abstände des Hüft- und des Schulterpunktes zum Fußgelenk. Dies bedeutet, daß ein größerer Kniewinkel eine Verschiebung des Oberkörpers nach hinten bewirkt.

Der horizontale Abstand zwischen Ellenbogengelenk und Auge ist wegen der abgewinkelten Arme verhältnismäßig gering. Dieser Abstand ist jedoch bei den hinteren Sitzpositionen größer als bei den vorderen. Dies bedeutet, daß die körperlich kleineren Fahrer, die eher vorne sitzen, ihre Arme stärker abwinkeln als die größeren, hinten sitzenden Motorradfahrer.

Diagramm 4.13 zeigt auf ähnliche Weise die Zusammenhänge zwischen den Z-Koordinaten der Körperpunkte. Diese Kurven zeigen, im Gegensatz zu den Kurven der X-Koordinaten, stark unterschiedliche Verläufe.

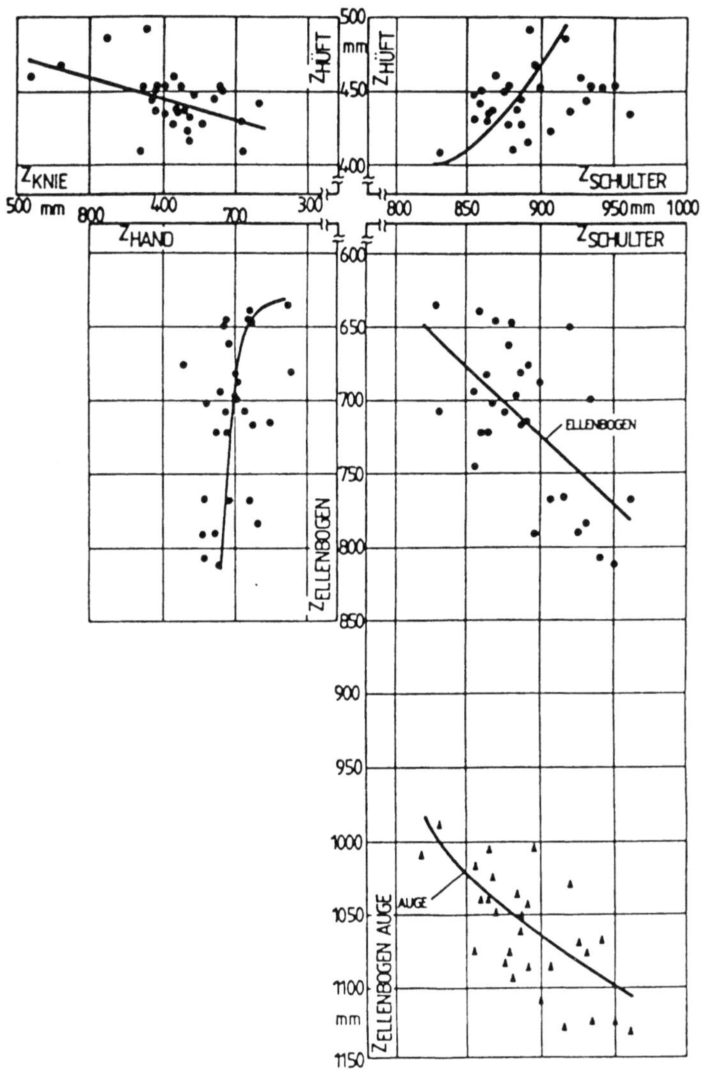

Diagramm 4.13: Zusammenhänge der Z-Koordinaten der Körperpunkte beim Chopper

Zur Bestimmung der Lagen der Körperpunkte eines theoretisch mittleren Motorradfahrers, der aus der Summe der 29 untersuchten Personen gebildet werden kann, wird zunächst die Lage des Kniepunktes mit Hilfe von Diagramm 4.11 festgelegt. Ausgehend von den ermittelten X- und Z-Koordinaten des Kniepunktes können dann die Koordinaten der restlichen Körperpunkte aus den Diagrammen 4.12 und 4.13 (vgl. Kap. 4.3.3.1) abgelesen werden.

Zur weiteren Beschreibung der Abhängigkeit der Körperhaltung des Fahrers auf dem Chopper von der jeweiligen Sitzposition, wurden die Winkel zwischen den Körperteilen des Fahrers in der Seitenansicht erfaßt und ausgewertet.

Diagramm 4.14 zeigt die Abhängigkeit des Knie- und des Hüftwinkels von der jeweiligen Sitzposition, die durch den horizontalen Abstand des Hüftpunktes zum Fußgelenk angegeben wird. Die Kniewinkelkurve verläuft degressiv ansteigend, die Hüftwinkelkurve degressiv abfallend.

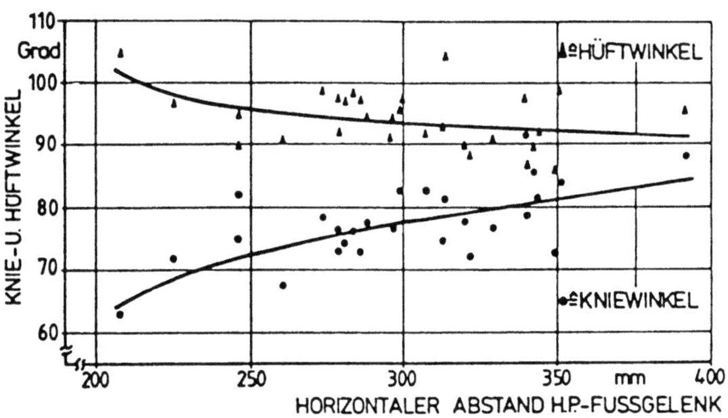

Diagramm 4.14: Abhängigkeit des Knie- und Hüftwinkels von der Sitzposition beim Chopper

Die Hüftwinkelkurve verläuft im interessanten Meßbereich flacher als die Kniewinkelkurve, was bedeutet, daß sich der Kniewinkel bei einer Verschiebung der Hüfte nach hinten und annähernd gleichem Hüftwinkel relativ stark vergrößert.

In Tabelle 4.9 sind die übrigen wichtigen Körperwinkel in der Seitenansicht angegeben.

Zusammenfassend kann die Sitzposition und die Körperhaltung der Versuchspersonen auf dem Chopper wie folgt beschrieben werden: Die Fahrer sitzen auf diesem Motorrad relativ tief (Hüftpunkthöhe ca. 826 mm). Durch die vorgegebene Sitzbankform und die relativ weit nach hinten zurückgesetzten Fußrasten ergeben sich dabei ungünstige Kniewinkel von ca. 77°. Die Sitzbankform und

Körperwinkel	minimal [Grad]	maximal [Grad]	Mittelwert [Grad]
Fußwinkel	55,8	132,5	82,3
Kniewinkel	63,1	91,6	77,3
Hüftwinkel	85,6	104,5	94,1
Oberarm-Rumpf-Winkel	32,4	67,2	49,9
Ellenbogenwinkel	112,1	172,5	142,4

Tabelle 4.9: Körperwinkel in der Seitenansicht beim Chopper

die Lenkeranordnung (Handpunkthöhe ca. 1083 mm) wirken sich hingegen günstig auf die Oberkörperhaltung aus. Mit einem Hüftwinkel von etwa 94° sitzt der Fahrer angenehm und aufrecht. Die leicht abgewinkelten Arme (Ellenbogenwinkel ca. 142°) bewirken dabei eine Entlastung der Armmuskulatur.

4.3.3.3 Sitzposition und Körperhaltung auf der Enduro

Bild 4.17 zeigt die Sitzposition und die Körperhaltung einer der erfaßten 25 Versuchspersonen auf der Enduro.

Bild 4.17 : Fahrersitzposition und -körperhaltung auf der Enduro

Die ermittelten Sitzpositionen und Körperhaltungen der 25 Versuchspersonen im fahrzeugfesten Koordinatensystem sind anhand der 95 %-Körperpunktellipsen in Bild 4.18 dargestellt.

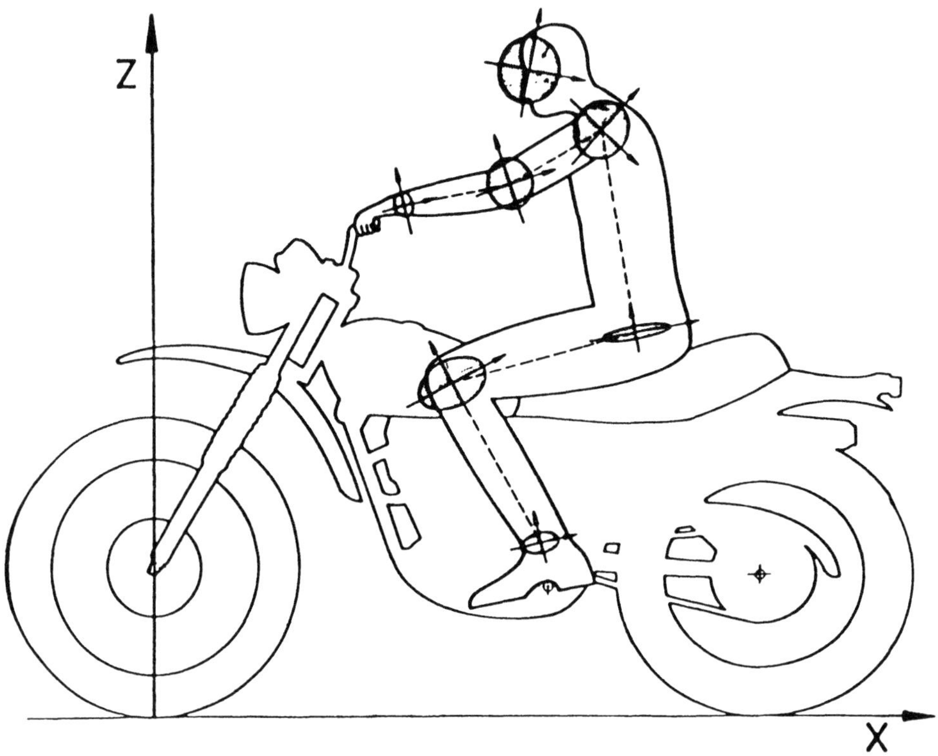

Bild 4.18 : Sitzposition und Körperhaltung auf der Enduro mit den entsprechenden 95 %-Körperpunktellipsen im fahrzeugfesten Koordinatensystem

Unter Berücksichtigung der Größe und der Neigung der 95 %-Hüftellipse ergibt sich, daß 90 % der Versuchspersonen in einem effektiven horizontalen Sitzbereich von ca. 155 mm sitzen. Dieser relativ große Bereich auf der flachen Sitzbank der Enduro führt dazu, daß sich auch die Kniepunktlagen in horizontaler Richtung stark ändern.

Wie bei dieser Motorradgattung üblich, sitzt der Fahrer auf der schmalen Sitzbank relativ hoch (Hüftpunkthöhe ca. 885 mm) mit weit gestreckten Armen. Die Oberkörperhaltung ist dabei annähernd aufrecht.

Die wichtigsten Daten der in Bild 4.18 eingezeichneten 95 %-Körperpunktellipsen sind in Tabelle 4.10 angegeben. Aus diesen Daten können die einzelnen Variationsbereiche der Körperpunktlagen in horizontaler und vertikaler Richtung berechnet werden.

Ellipse	x_S [mm]	z_S [mm]	α [Grad]	A [mm]	B [mm]	σ
Fußellipse	903,3	399,2	13,4	41	22	1,89
Knieellipse	700,1	766,5	28,5	81	52	2,23
Hüftellipse	1121,9	885,4	10,3	79	14	2,13
Schulterellipse	1044,7	1349,5	-42,0	61	69	3,38
Ellenbogenellipse	833,5	1225,0	18,7	50	57	1,87
Handellipse	588,1	1178,3	14,0	21	29	1,65
Augenellipse	867,9	1489,8	-20,9	68	76	2,26

Tabelle 4.10: Daten der 95 %-Körperpunktellipsen im fahrzeugfesten Koordinatensystem bei der Enduro

In Bild 4.19 sind weiterhin die 95 %-Körperpunktellipsen der untersuchten Motorradfahrer im körperfesten Koordinatensystem im entsprechenden Maßstab dargestellt.

Bild 4.19 : Sitzposition und Körperhaltung auf der Enduro mit den entsprechenden 95 %-Körperpunktellipsen im körperfesten Koordinatensystem

Die relativ großen Variationsbereiche der Körperpunktlagen im Bezug auf den Fußpunkt sind anhand der 95 %-Ellipsen klar zu erkennen. Im Vergleich zu den Ellipsen im fahrzeugfesten Koordinatensystem sind die Hüft-, Schulter-, Ellenbogen- und die Augenellipse deutlich größer, was durch die stärkere Berücksichtigung der einzelnen Körperhaltungen der Versuchspersonen in diesem körperfesten Koordinatensystem zustande kommt.

Tabelle 4.11 beinhaltet die Daten der 95 %-Körperpunktellipsen in dem körperfesten Koordinatensystem.

Ellipse	x_S [mm]	z_S [mm]	α [Grad]	A [mm]	B [mm]	σ
Knieellipse	-203,2	367,3	41,8	77	59	2,25
Hüftellipse	218,6	486,3	15,2	105	17	3,43
Schulterellipse	141,4	950,3	-44,5	72	102	2,40
Ellenbogenellipse	- 69,7	825,8	-36,5	56	67	2,43
Handellipse	-315,2	779,1	15,4	60	28	4,22
Augenellipse	- 26,4	1090,6	-26,8	104	86	2,50

Tabelle 4.11: Daten der 95 %-Körperpunktellipsen im körperfesten Koordinatensystem bei der Enduro

Die gemessenen Kniepunktlagen der 25 Versuchspersonen ergeben nach der Auswertung den in Diagramm 4.15 dargestellten Zusammen-

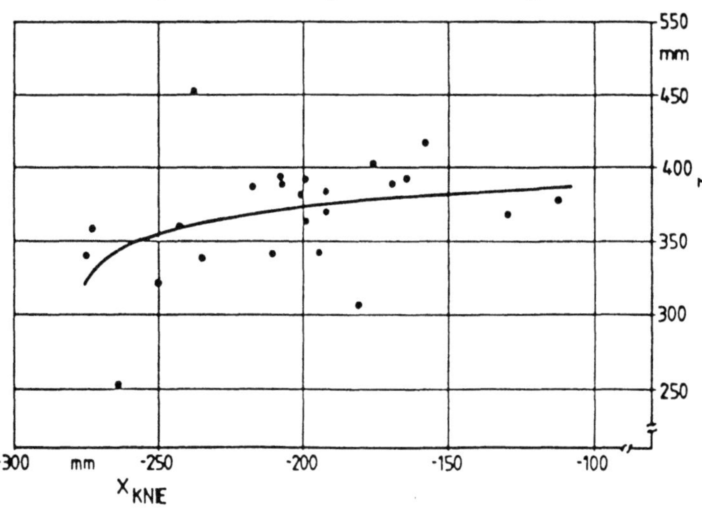

Diagramm 4.15: Lage des Kniepunktes im körperfesten Koordinatensystem bei der Enduro

hang. Die degressiv verlaufende Kurve zeigt mit kleiner werdendem Abstand zwischen dem Kniepunkt und dem Fußpunkt in horizontaler Richtung eine geringfügige Zunahme der Kniepunkthöhe.

Anhand des Kurvenverlaufs in diesem Diagramm kann die Kniepunktlage eines mittleren Fahrers, der durch eine Zufallskombination theoretisch gebildet werden kann, festgelegt werden. Ausgehend von der X-Koordinate des Knies können aus Diagramm 4.16 anhand der fünf linear verlaufenden Kurven die restlichen X-Koordinaten der Körperpunkte bestimmt werden.

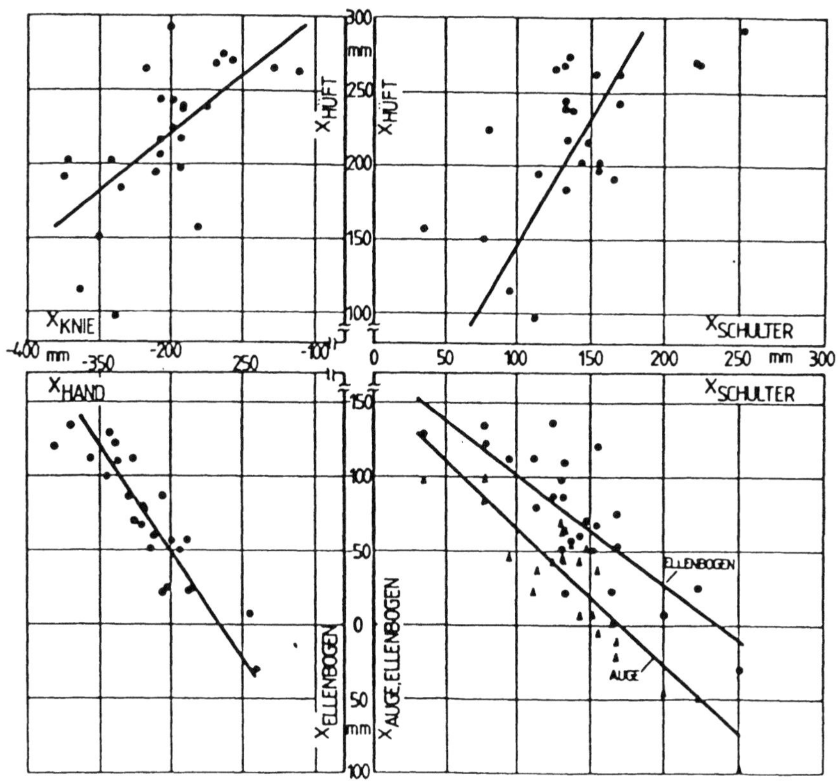

Diagramm 4.16: Zusammenhänge der X-Koordinaten der Körperpunkte bei der Enduro

Die in diesem Diagramm zur Beschreibung der Ellenbogen- und der Augenlage eingezeichneten Geraden zeigen, daß der horizontale Abstand zwischen dem Ellenbogengelenk und dem Auge klein ist und daß dieser Abstand erst bei den größeren, weit hinten sitzenden Fahrern größer wird. Dies ist mit der annähernd aufrechten Oberkörperhaltung der Fahrer und der damit verbundenen Abwinkelung der Arme zu erklären.

In Diagramm 4.17 sind die Zusammenhänge zwischen den Z-Koordinaten der Körperpunkte dargestellt. Die Kurven in diesem Diagramm verlaufen linear, degressiv bzw. progressiv. Die Z-Koordinaten der Körperpunkte werden in diesem Diagramm auf ähnliche Weise wie in Diagramm 4.16 ermittelt. Die einzeln eingezeichneten Meß-

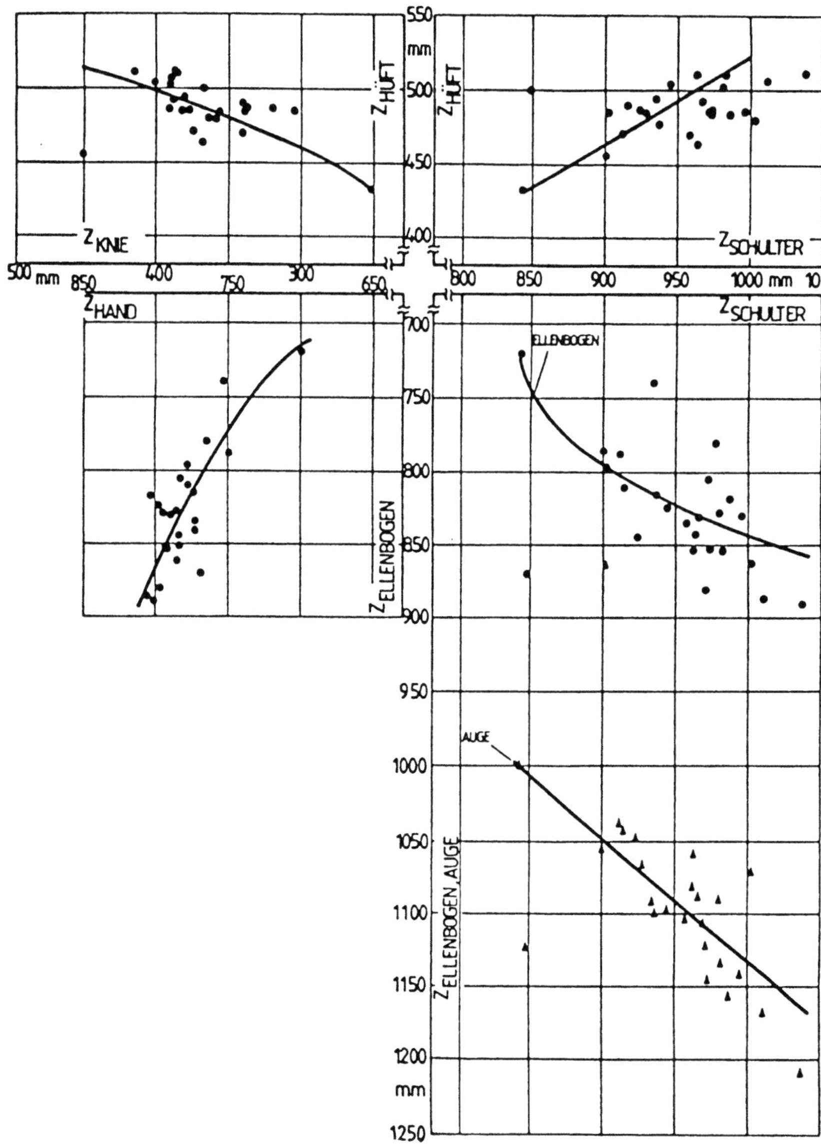

Diagramm 4.17: Zusammenhänge zwischen den Z-Koordinaten der Körperpunkte bei der Enduro

punkte zeigen, wie bereits anhand des Bildes 4.19 deutlich zu erkennen war, die relativ geringen Höhenunterschiede der Hand- und der Hüftpunkte, deren Höhe sehr stark von Höhe und Form von Lenker und Sitzbank bestimmt wird.

Die Beziehungen zwischen der Knie- und der Hüftwinkeländerung und der Fahrersitzposition sind in Diagramm 4.18 dargestellt.

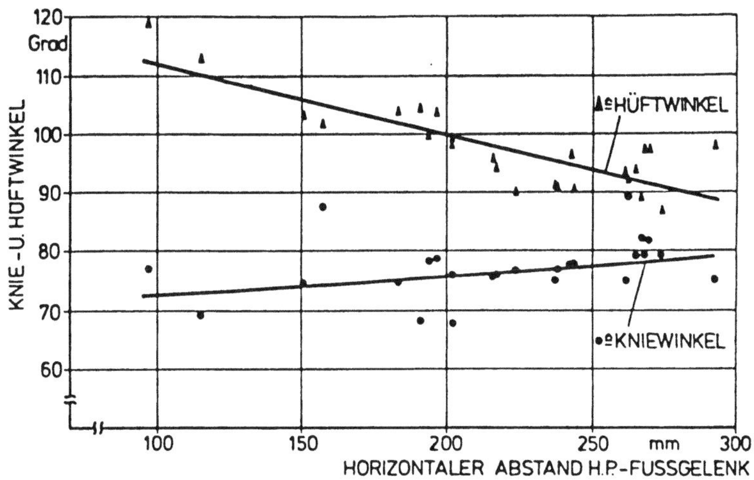

Diagramm 4.18: Knie- und Hüftwinkelverlauf in Abhängigkeit von der Sitzposition

Die linear verlaufenden Kurven zeigen eine geringfügige Zunahme des Kniewinkels und eine relativ starke Abnahme des Hüftwinkels mit größer werdendem Abstand zwischen Hüftpunkt und Fußgelenk. Bei den hinteren Sitzpositionen betragen der Kniewinkel ca. 78° und der Hüftwinkel ca. 90°.

Die Größenordnungen der in der Seitenansicht gemessenen Winkel zwischen den Körperteilen der 25 Versuchspersonen sind in der Tabelle 4.12 zusammengefaßt.

Die Sitzposition und die Körperhaltung der Motorradfahrer auf der Enduro kann anhand der vorliegenden Ausführungen folgendermaßen beschrieben werden:

Der Fahrer sitzt auf der schmalen konventionellen Sitzbank relativ hoch (Hüftpunkthöhe ca. 885 mm). Dabei kann er seine Sitzposition auf dieser Sitzbank in einem großen Bereich variieren (90 % der Versuchspersonen sitzen in einem Bereich von 155 mm). Der Kniewinkel, charakteristisch für die Unterkörperhaltung liegt

Körperwinkel	minimal [Grad]	maximal [Grad]	Mittelwert [Grad]
Fußwinkel	50,0	133,0	82,9
Kniewinkel	67,8	89,4	77,3
Hüftwinkel	86,9	118,6	97,6
Oberarm-Rumpf-Winkel	50,8	81,2	67,2
Ellenbogenwinkel	135,5	174,0	158,9

Tabelle 4.12: Körperwinkel in der Seitenansicht bei der Enduro

bei ca. 77° und ist damit gleichgroß wie bei den anderen untersuchten Motorrädern. Trotz des mit ca. 97° relativ großen Hüftwinkels neigt der Fahrer seinen Oberkörper geringfügig nach vorne und hat dabei weitgehend gestreckte Arme (Ellenbogenwinkel ca. 159°). Diese Oberkörperhaltung wird durch die Anordnung und die Breite des Lenkers stark beeinflußt.

4.3.3.4 Sitzposition und Körperhaltung auf dem Leichtkraftrad

Bild 4.20 zeigt die Sitzposition und die Körperhaltung einer der 18 Versuchspersonen auf dem Leichtkraftrad.

Bild 4.20: Fahrersitzposition und -körperhaltung auf dem Leichtkraftrad

In Bild 4.21 sind die für dieses Motorrad ermittelten Sitzpositionen und Körperhaltungen im fahrzeugfesten Koordinatensystem schematisch dargestellt. Die berechneten 95 %-Körperpunktellipsen sind in diesem Bild lage- und maßstabgerecht ebenfalls eingezeichnet.

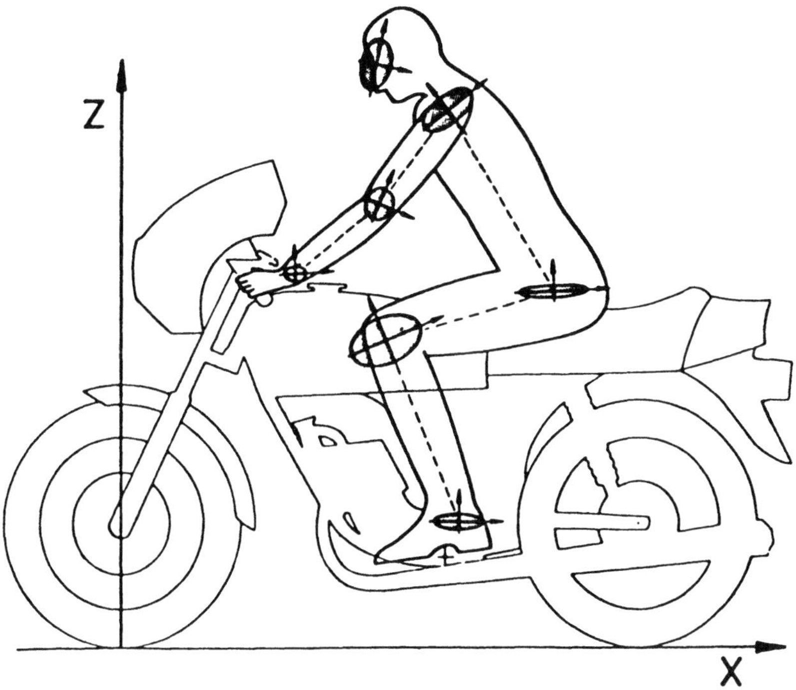

Bild 4.21: Sitzposition und Körperhaltung auf dem Leichtkraftrad mit den entsprechenden 95 %-Körperpunktellipsen im fahrzeugfesten Koordinatensystem

Mit einer Hüftpunkthöhe von ca. 821 mm sitzt der Fahrer auf der wenig geformten Sitzbank dieses Motorrades relativ tief. Anhand der 95 %-Hüftellipse ergibt sich für 90 % der untersuchten Personen ein effektiver Sitzbereich von 157 mm. Wegen des tief angeordneten Lenkers muß der Fahrer seinen Oberkörper trotz gestreckter Arme stark nach vorne neigen und dabei eine gespannte, ungewollt sportliche Oberkörperhaltung einnehmen.

In Tabelle 4.13 sind die Daten der in Bild 4.21 eingezeichneten 95 %-Ellipsen angegeben.

Ellipse	x_S [mm]	z_S [mm]	α [Grad]	A [mm]	B [mm]	σ
Fußellipse	802,3	338,9	- 0,5	58	17	3,03
Knieellipse	627,7	706,8	22,8	85	53	2,35
Hüftellipse	1023,5	821,3	2,8	79	14	4,53
Schulterellipse	777,0	1237,2	37,8	68	34	3,36
Ellenbogenellipse	611,6	1020,0	-23,2	33	37	1,85
Handellipse	414,6	862,2	3,4	27	17	3,13
Augenellipse	605,8	1343,9	-13,1	35	56	2,96

Tabelle 4.13: Daten der 95 %-Körperpunktellipsen im fahrzeugfesten Koordinatensystem beim Leichtkraftrad

Die Lagen der charakteristischen Körperpunkte im körperfesten Koordinatensystem sind in Bild 4.22 anhand der 95 %-Ellipsen angegeben.

Bild 4.22: Sitzposition und Körperhaltung im körperfesten Koordinatensystem mit den entsprechenden 95 %-Körperpunktellipsen beim Leichtkraftrad

Ein Vergleich mit Bild 4.21 zeigt, daß die Körperpunkte im körperfesten Koordinatensystem in relativ größeren Bereichen liegen. Die Daten dieser Ellipsen sind in Tabelle 4.14 zusammengefaßt.

Ellipse	x_S [mm]	z_S [mm]	α [Grad]	A [mm]	B [mm]	σ
Knieellipse	-174,6	367,8	33,0	90	39	4,36
Hüftellipse	221,2	482,4	8,3	84	17	2,51
Schulterellipse	- 25,3	898,3	16,7	85	47	4,10
Ellenbogenellipse	-190,7	681,1	0,0	68	45	3,27
Handellipse	-387,7	523,3	7,5	75	24	2,98
Augenellipse	-196,5	1005,0	10,3	72	52	4,31

Tabelle 4.14: Daten der 95 %-Körperpunktellipsen im körperfesten Koordinatensystem beim Leichtkraftrad

In Diagramm 4.19 ist der Zusammenhang zwischen den X- und den Z-Koordinaten der 18 gemessenen Kniepunkte dargestellt. Die meisten Kniepunkte liegen 100 bis 250 mm vor dem Fußpunkt und 300 bis 400 mm darüber. Die linear verlaufende Kurve zeigt mit kleiner werdendem horizontalen Abstand zwischen dem Kniepunkt und dem Fußpunkt eine Zunahme der Kniepunkthöhe. Für einen mittleren Fahrer, dessen Kniepunkt 200 mm vor seinem Fußpunkt liegt, ergibt sich eine Kniepunkthöhe von z_{Knie} = 355 mm.

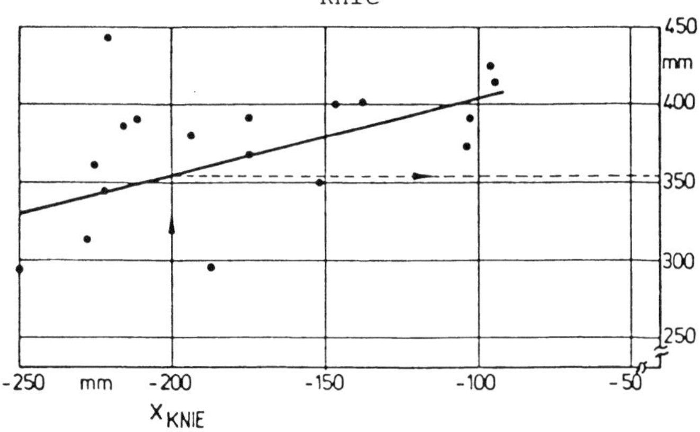

Diagramm 4.19: Lagen der Kniepunkte im körperfesten Koordinatensystem beim Leichtkraftrad

Die Diagramme 4.20 und 4.21 zeigen die berechneten Kurven für die Zusammenhänge zwischen den X- bzw. den Z-Koordinaten der charakteristischen Körperpunkte in dem körperfesten Koordinatensystem beim Leichtkraftrad. Aus diesen Diagrammen können ausgehend von der in Diagramm 4.19 festgelegten Kniepunktlage anhand der unterschiedlich verlaufenden Kurven die entsprechenden Koordinaten der restlichen Körperpunkte ermittelt werden.

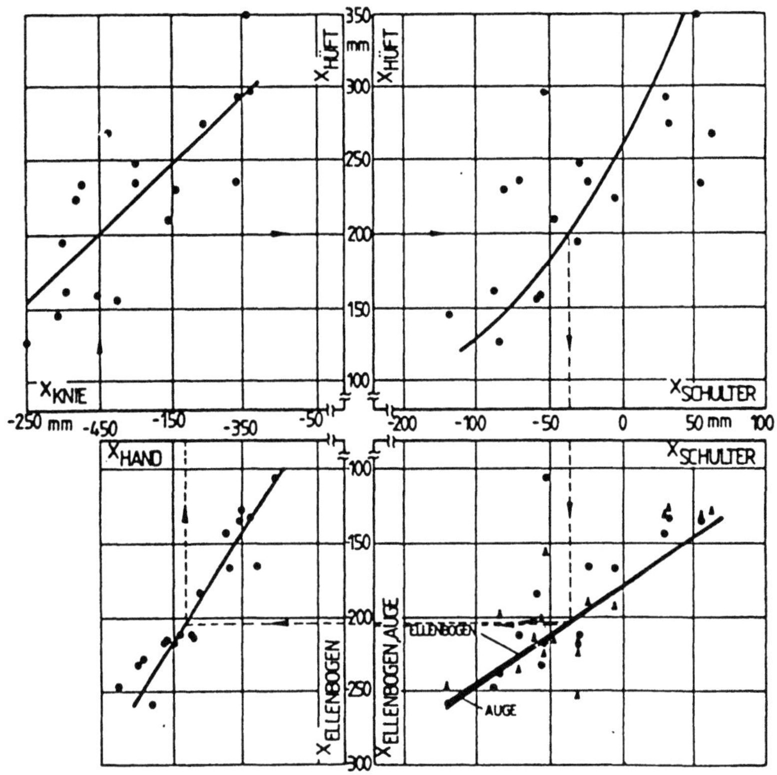

Diagramm 4.20: Zusammenhänge der X-Koordinaten der Körperpunkte beim Leichtkraftrad

Betrachtet man die Kurvenverläufe in Diagramm 4.20, so stellt man fest, daß der Ellenbogen- und der Augenpunkt in der gleichen Ebene vor der Schulter liegen. Dies resultiert bei diesem Motorrad aus der starken Oberkörper- und Kopfneigung.

In Diagramm 4.22 sind die in der X-Z-Ebene gemessenen Knie- und Hüftwinkel in Abhängigkeit von der Sitzposition dargestellt. Mit größer werdendem Abstand zwischen dem Hüftpunkt und dem Fußpunkt d.h. der Fahrer sitzt weiter hinten auf der Sitzbank, vergrößert

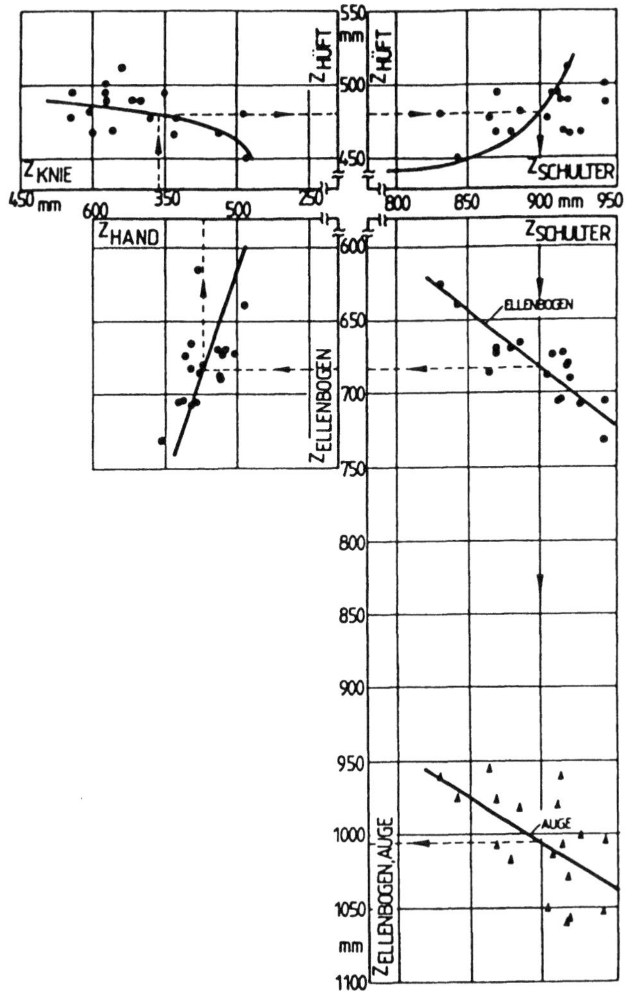

Diagramm 4.21: Zusammenhänge der Z-Koordinaten der Körperpunkte beim Leichtkraftrad

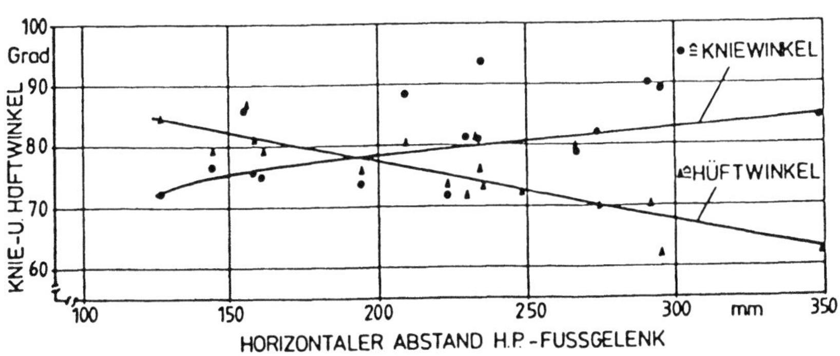

Diagramm 4.22: Knie- und Hüftwinkelverlauf in Abhängigkeit von der Sitzposition beim Leichtkraftrad

sich der Kniewinkel geringfügig, der Hüftwinkel wird hingegen kleiner.

Wie das Diagramm zeigt, liegen die gemessenen Hüftwinkel, die die Oberkörperhaltung wesentlich bestimmen, zwischen 70° und 80° und sind damit verhältnismäßig klein.

Tabelle 4.15 beinhaltet die kleinsten, die größten und die Mittelwerte der gemessenen Körperwinkel in der X-Z-Ebene.

Körperwinkel	minimal [Grad]	maximal [Grad]	Mittelwert [Grad]
Fußwinkel	60,0	110,5	82,1
Kniewinkel	71,4	93,5	80,7
Hüftwinkel	61,7	86,7	75,3
Oberarm-Rumpf-Winkel	59,9	78,5	68,2
Ellenbogenwinkel	148,0	176,9	166,1

Tabelle 4.15: Körperwinkel in der Seitenansicht beim Leichtkraftrad

Die Sitzposition und die Körperhaltung auf dem Leichtkraftrad kann abschließend folgendermaßen beschrieben werden:
Die Fahrer sitzen auf diesem Motorrad relativ tief (Hüftpunkthöhe 821 mm) und haben dabei einen großen nutzbaren Sitzbereich (90 % der Versuchspersonen sitzen in einem Bereich von 157 mm). Der Oberkörper ist bei weit gestreckten Armen (Ellenbogenwinkel ca. 166°) stark nach vorne geneigt (Hüftwinkel ca. 75°), was eine sportliche Haltung bewirkt. Durch eine zusätzliche Kopfneigung nach vorne liegen die Ellenbogen- und die Augenpunkte in der gleichen Ebene vor der Hüfte. Der mittlere Kniewinkel von ca. 81° ist bei den Fahrern dieses Motorrades größer als bei den Fahrern der anderen untersuchten Motorräder. Die relativ tief angeordneten Fußrasten erlauben damit eine günstigere Unterkörperhaltung.

4.3.3.5 Vergleich der Sitzpositionen und der Körperhaltungen für die vier repräsentativen Motorrad-Fahrerplatzkonfigurationen

Die bereits diskutierten Meßergebnisse für die vier untersuchten Motorräder zeigen deutliche Unterschiede in den Sitzpositionen und den Körperhaltungen, die auch wegen der unterschiedlichen Charaktere dieser Motorräder zu erwarten waren.

Ein Vergleich der Fahrersitzpositionen auf diesen Motorrädern, charakterisiert durch die Hüftpunktlage und die Länge des effektiven Sitzbereiches, zeigt (Tabelle 4.16), daß die Motorradfahrer auf dem Leichtkraftrad in einem relativ großen Sitzbereich (Lage von 90 % der Hüftpunkte) am tiefsten sitzen. Bei einem vergleichbar großen Sitzbereich sitzen die Enduro-Fahrer hingegen ziemlich hoch. Die Hüftpunkthöhe auf dem Chopper ist vergleichbar mit der auf dem Leichtkraftrad, die auf dem Tourenmotorrad mit der auf der Enduro. Die Sitzbereiche auf dem Tourenmotorrad und dem Chopper sind wesentlich kleiner als auf den beiden anderen Maschinen. Bei einem horizontalen Abstand von 304 mm zwischen dem Hüftpunkt und dem Fußpunkt sitzt der Chopper-Fahrer am weitesten hinten, der Enduro-Fahrer mit 218 mm Abstand am weitesten vorne.

	Tourenmotorrad	Chopper	Enduro	Leichtkraftrad
Hüftpunkthöhe (über Boden) [mm]	877,1	826,1	885,4	821,3
hor. Abstand Hüftpkt-Fußpkt [mm]	252,3	304,2	218,6	221,2
Effektiver Sitzbereich [mm]	100,0	87,0	155,0	157,0

Tabelle 4.16: Größen zur Beschreibung der Sitzposition

Eine Betrachtung der Unterkörperhaltung, charakterisiert durch die Fußpunkthöhe, den Fuß- und den Kniewinkel (Tabelle 4.17), zeigt bei den untersuchten Versuchspersonen nur geringe Unterschiede. Die mittleren Fuß- und Kniewinkel liegen in den gleichen Größenordnungen. Lediglich der Fußpunkt, der im wesentlichen von der Fußrastenhöhe abhängt, liegt beim Leichtkraftrad um etwa 45 mm tiefer als bei den anderen drei Motorrädern.

	Tourenmotorrad	Chopper	Enduro	Leichtkraftrad
Fußpunkthöhe (über Boden) [mm]	382,8	382,1	399,2	338,9
Fußwinkel [Grad]	82,3	82,3	82,9	82,1
Kniewinkel [Grad]	79,6	77,3	77,3	80,7

Tabelle 4.17: Charakteristische Größen zur Beschreibung der Unterkörperhaltung

Die Oberkörperhaltung der Versuchspersonen auf den untersuchten Motorrädern zeigt, im Gegensatz zur Unterkörperhaltung, weitaus größere Unterschiede.

In Tabelle 4.18 sind die zur Beschreibung der Oberkörperhaltung wichtigen Größen angegeben. Diese sind im einzelnen der Hüftwinkel, die Rumpfneigung nach vorne gegenüber der Vertikalen, der Auge-Schulter-Rumpf-Winkel (als Maß für die Kopfneigung nach vorne), der Oberarm-Rumpf-Winkel, sowie der Ellenbogenwinkel.

Winkel [Grad]	Tourenmotorrad	Chopper	Enduro	Leichtkraftrad
Hüftwinkel	78,7	94,1	97,6	75,3
Rumpfwinkel gegenüber der Vertikalen	25,5	2,1	9,5	30,7
Auge-Schulter-Rumpf-Winkel	150,6	139,3	139,0	152,9
Oberarm-Rumpf-Winkel	77,3	49,9	67,2	68,2
Ellenbogenwinkel	167,4	142,4	158,9	166,1

Tabelle 4.18: Oberkörperwinkel in der Seitenansicht

Auf den sportlichen Motorrädern, Leichtkraftrad und Tourenmotorrad, haben die Fahrer die kleinsten Hüftwinkel und die größte Rumpfneigung nach vorne. Mit einem Hüftwinkel von 75° und einer Rumpfneigung von 31° sitzt der Leichtkraftrad-Fahrer sehr kompakt und hat dabei eine gespannte Oberkörperhaltung. Die Chopper- und Enduro-Fahrer sitzen hingegen verhältnismäßig aufrecht und haben Hüftwinkel von ca. 95°.

Die Kopfneigung, charakterisiert durch den Winkel zwischen Auge,

Schulter und Rumpflinie, ist bei kleinen Hüftwinkeln, beispielsweise bei den Leichtkraftrad-Fahrern, immer größer als bei größeren Hüftwinkeln. Dies kommt dadurch zustande, daß die Fahrer, die eine große Rumpfneigung haben, ihren Kopf hoch heben, um einen akzeptablen Blickwinkel nach vorne zu erreichen.

Die Armhaltung der Fahrer wird bei allen Motorrädern von der Rumpfhaltung bestimmt. Mit zunehmender Rumpfneigung vergrößern sich der Oberarm-Rumpf- und der Ellenbogenwinkel. Bei dem Tourenmotorrad, der Enduro und dem Leichtkraftrad sind die Arme gestreckt, bei dem Chopper hingegen leicht abgewinkelt.

4.4 Ermittlung der Sitzposition und der Körperhaltung mit der dreidimensionalen Motorrad-Meßpuppe

Wie bereits in Kap. 3 beschrieben wurde, können mit der dreidimensionalen Motorrad-Meßpuppe die statistischen 5 %-Frau, 50 %-Mensch und 95 %-Mann größen- und gewichtsmäßig simuliert werden. Dies bedeutet, daß für diese drei Perzentile unterschiedliche Sitzpositionen und Körperhaltungen auf den vier gewählten Motorrädern reproduzierbar eingestellt und vermessen werden können.

Um realistische Sitzpositionen und Körperhaltungen mit der Meßpuppe messen zu können, werden diese an den bereits gewonnenen Ergebnissen aus den Fahrversuchen und den Standmessungen orientiert. Da diese Ergebnisse jedoch nur Richtwerte über die wichtigsten Größen liefern, ist das Ziel der Messungen mit der Meßpuppe nicht die genaue Ermittlung der Sitzposition und der Körperhaltung der 5 %-Frau, des 50 %-Menschen und des 95 %-Mannes, sondern vielmehr die Untersuchung der Abhängigkeit der Körperhaltung dieser Fahrerpopulation von ihrer jeweiligen, annähernd realistischen Sitzposition. Für diese drei Perzentile werden daher für unterschiedliche Sitzpositionen die Körperpunktlagen und die Körperwinkel erfaßt und die dabei festgestellten Änderungen dieser Größen in Abhängigkeit von der Sitzposition untersucht und erläutert.

4.4.1 Versuchsaufbau und -durchführung

Der Versuchsaufbau besteht aus der bereits in Kapitel 3 bzw. 4 beschriebenen Meßvorrichtung, der Meßpuppe und den Versuchsmotorrädern. In der geeichten Meßvorrichtung wurden die Motorräder senkrecht befestigt und genau ausgerichtet. Zur Messung der Sitzposition und der Körperhaltung eines Perzentils wurde die auf dieses Perzentil eingestellte Meßpuppe nach einem definierten Vorgang auf das Motorrad aufgesetzt. Dieser Vorgang läßt sich folgendermaßen beschreiben:

- Als erstes werden die bereits vormontierten Oberkörperteile der Meßpuppe inklusive Gesäßschale auf das Motorrad aufgesetzt und nach der gewünschten Sitzposition und Oberkörperhaltung eingestellt und befestigt.
- Im zweiten Schritt werden die Beine der Meßpuppe angebracht und entsprechend der Unterkörperhaltung eingestellt und befestigt.
- Abschließend werden die Gewichte der einzelnen Körperteile an den dafür vorgesehenen Stellen angebracht.
- Die gesamte Meßpuppe wird nach jeder Messung in umgekehrter Reihenfolge abmontiert.

Zur Entlastung der Sitzbankpolsterung und der Motorradfederung wurde vor jedem neueren Aufsetzen der Meßpuppe eine entsprechende Wartezeit eingehalten.

Bei der Messung der Sitzposition und der Körperhaltung wurden die Koordinaten aller Gelenkpunkte der Meßpuppe sowie aller Winkel zwischen den Körperteilen registriert. Zur Ausschaltung möglicher Meß- und Ablesefehler wurde jede Einstellung der Meßpuppe dreimal wiederholt.

Für jedes Perzentil und für jedes Motorrad wurden drei bis neun Sitzpositionen und Körperhaltungen gemessen. Die Anzahl der erforderlichen Messungen wurde im wesentlichen von der Fahrerplatzgestaltung und von der aus den Fahrermessungen ermittelten Varianz bestimmt.

4.4.2 Darstellung und Diskussion der Meßergebnisse

Zur Verdeutlichung der Zusammenhänge zwischen der Körperhaltung und der Sitzposition werden die Lagen der Körperpunkte vereinfacht in einem körperfesten Koordinatensystem in der X-Z-Ebene dargestellt, dessen Ursprungspunkt für alle Perzentile im Fußpunkt liegt. Die bei den unterschiedlichen Sitzpositionen gemessenen Körperpunktlagen werden einzeln in die entsprechenden Bildern eingetragen. Ergeben sich aus den Punktlagen eindeutige Tendenzen, so werden diese durch Kurven charakterisiert. Da an der Meßpuppe die tatsächlichen Winkel zwischen den Körperteilen, also die räumlichen Winkel, gemessen werden, werden diese, und nicht ihre Projektionen in der X-Z-Ebene, im Bezug auf die Sitzposition angegeben.

4.4.2.1 Meßergebnisse des Tourenmotorrades

Die Sitzposition und die Körperhaltung der Fahrerpopulation 5 %-Frau, 50 %-Mensch und 95 %-Mann wurde auf der BMW R 100 S in jeweils 5 Stellungen simuliert. Bild 4.23 zeigt die Meßpuppe in einer der gemessenen Stellungen.

Bild 4.23 : Motorrad-Meßpuppe auf dem Tourenmotorrad

Die an der Meßpuppe gemessenen Körperpunktlagen sowie eine für das jeweilige Perzentil realistische Sitzposition (Hüftpunktlage orientiert an den Ergebnissen aus Kap. 4.3) und Körperhaltung sind in Bild 4.24 schematisch dargestellt.

Bei einer Änderung der Sitzposition ändert sich die Lage des Hüftpunktes entlang einer Kurve, die in etwa die Sitzbankform im Sitzbereich darstellt. Der Kniepunkt bewegt sich dabei entlang einer Kurve, die durch einen Bogen um den Fußpunkt beschrieben wird. Der Schulterpunkt ändert seine Lage vorwiegend in vertikaler Richtung.

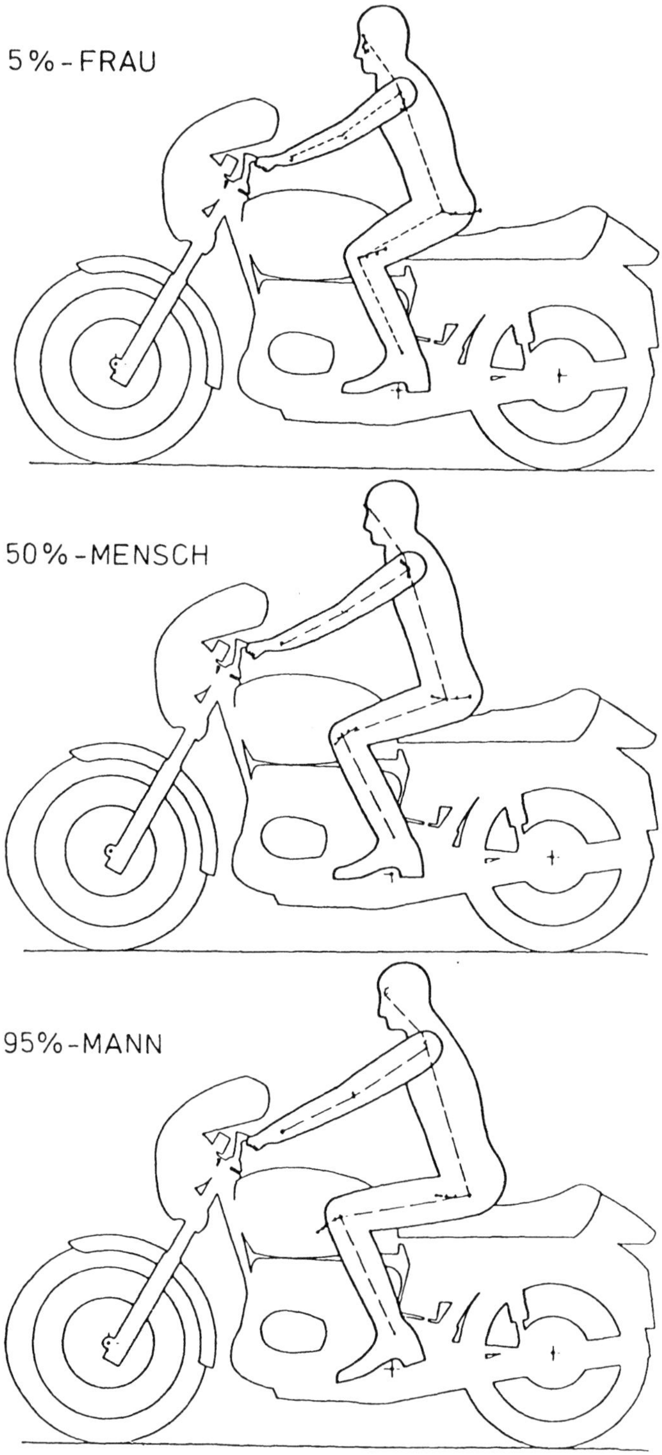

Bild 4.24 . Sitzposition und Körperhaltung der 5 %-Frau, des 50 % -Menschen und des 95 %-Mannes auf dem Tourenmotorrad

Die Lage des Hüftpunktes in Abhängigkeit von der Sitzposition ist für die drei Perzentile in Diagramm 4.23 dargestellt. Die drei dargestellten Kurven zeigen prinzipiell den gleichen Verlauf. Bei mittleren Sitzpositionen ist der Hüftpunkt tiefer als bei vorderen bzw. hinteren Sitzpositionen, was auf die Sitzbankform in diesem Bereich zurückzuführen ist. Aufgrund der Gewichtsunterschiede liegen die Hüftpunkte der 5 %-Frau wegen der geringeren Einfederung von Sitzbank und Motorrad höher als die des 50 %-Menschen bzw. des 95% Mannes. Ein weiterer Grund ist darin zu sehen, daß die Rollhügelhöhe (Abstand zwischen Hüftpunkt und Sitzfläche der Gesaßschale) für alle Perzentile gleich ist (vgl. Kap. 3.1.1.3), was jedoch nicht realistisch ist. Eine entsprechend größere Gesäßschale für den 95 %-Mann würde daher den Hüftpunkt anheben, eine kleinere Gesäßschale für die 5 %-Frau den Hüftpunkt absenken.

Weiterhin ist festzustellen, daß die Hüftpunkte mit Höhe von 440 - 460 mm im allgemeinen tiefer liegen als die an den Versuchspersonen gemessenen Hüftpunkte (470 - 515 mm). Dies ist ebenfalls mit der kleineren Rollhügelhöhe an der Gesäßschalenform zu erklären.

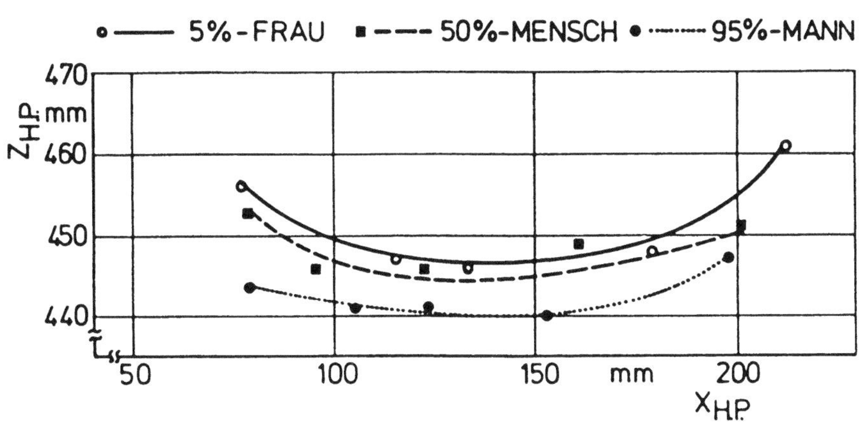

Diagramm 4.23 : Hüftpunktlage auf dem Tourenmotorrad

Die gemessenen Fußwinkel bzw. ihre Änderung in Abhängigkeit von der Sitzposition sind in Diagramm 4.24 dargestellt.

Bei einer normalen Fußstellung, d.h. die Fußsohle liegt auf dem Getriebeschalthebel bzw. auf dem Fußbremshebel, liegen die gemessenen Fußwinkel zwischen 56° und 82°. Der Fußwinkel beim 95 %-Mann ist kleiner als beim 50 %-Mensch und bei diesem kleiner als

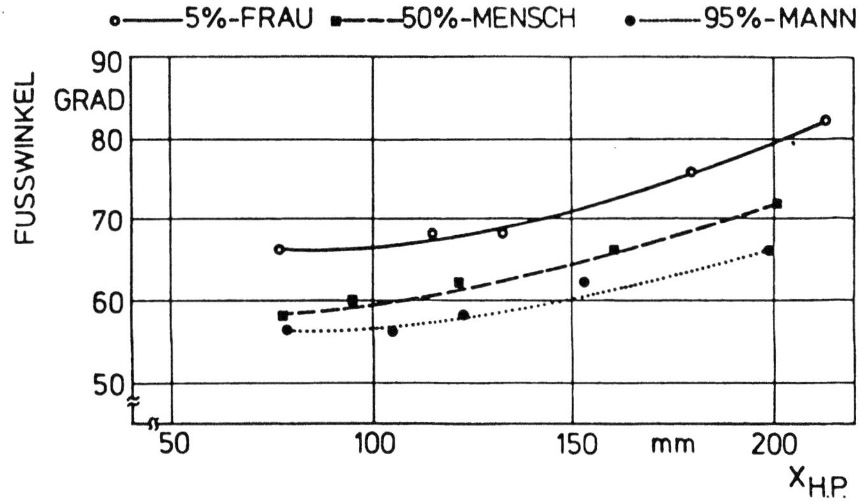

Diagramm 4.24 : Fußwinkel der drei Perzentile auf dem Tourenmotorrad

bei der 5 %-Frau. Mit zunehmender Entfernung des Hüftpunktes vom Fußpunkt vergrößert sich der Fußwinkel, dessen Änderung bei den drei Perzentilen ähnlich ist, um ca. 9°/100 mm.

In Diagramm 4.25 ist die Kniewinkeländerung als Funktion der Sitzposition dargestellt. Die drei Kurven zeigen, daß sich der Kniewinkel zwar nur geringfügig ändert, daß er jedoch für die drei Perzentile stark variiert. So liegt der Kniewinkel für die 5 %-

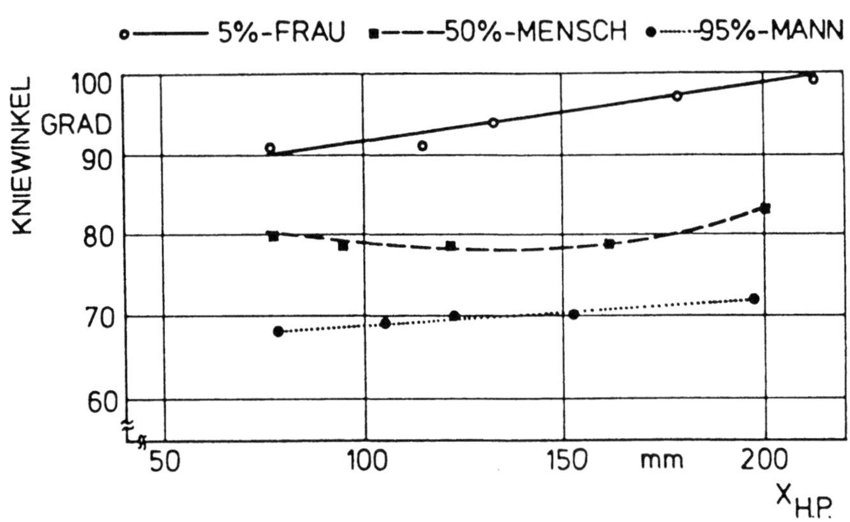

Diagramm 4.25 : Kniewinkel der drei Perzentile auf dem Tourenmotorrad

Frau bei 95°, für den 50 %-Mensch bei 80° und für den 95% -Mann bei 70°.

Die Unterkörperhaltung, charakterisiert durch den Kniewinkel und den Fußwinkel (Diagramm 4.24), ist damit für die 5 %-Frau, die die größten aufweist, am günstigsten.

Diagramm 4.26 zeigt für die drei Perzentile die Hüftwinkeländerung in Abhängigkeit von der Sitzposition. Die dargestellten Kurven zeigen bei unterschiedlichen Verläufen eine eindeutige Abnahme des Hüftwinkels mit zunehmender Entfernung des Hüftpunktes vom Fußpunkt. Die Hüftwinkelkurven der 5 %-Frau und des 50 %-Menschen, die sich im Meßbereich schneiden, zeigen für diese zwei Perzentile Hüftwinkel an, die um 1° bis 8° niedriger liegen als die des 95 %-Mannes.

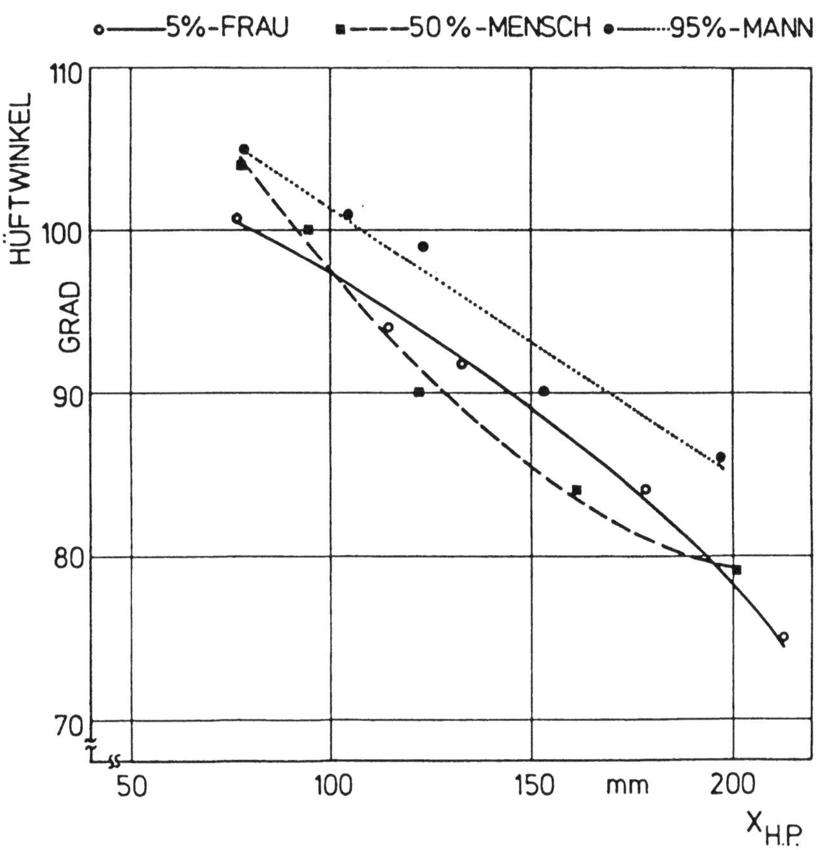

Diagramm 4.26 : Hüftwinkel der drei Perzentile auf dem Tourenmotorrad

Der Winkel zwischen Oberschenkel und Hüftachse durch den Hüftpunkt liegt für die 5 %-Frau zwischen 110° und 118°, für den 50 %-Menschen zwischen 112° und 118° und für den 95 %-Mann zwischen 105 und 115°. Dieser Winkel, der von der Oberschenkellänge und von der Tank- bzw. Motorradbreite zwischen den Kniegelenken abhängt, charakterisiert die auf dem Motorrad erforderliche Beinspreizung. Auf dem Tourenmotorrad muß der Fahrer nach diesen Messungen seine Beine je nach Sitzposition zwischen 30° und 56° spreizen (Winkel zwischen beiden Oberschenkeln).

Zur weiteren Beschreibung der Oberkörperhaltung sind in Diagramm 4.27 die gemessenen Oberarm-Rumpf-Winkel in der X-Z-Ebene und ihre Abhängigkeiten von der Sitzposition für die drei Perzentile angegeben. Bei hinteren Sitzpositionen liegen die Oberarm-Rumpf-Winkel deutlich höher als bei der vorderen Sitzposition. Dieser Verlauf ist bei unterschiedlich großen Winkeln für alle drei Perzentile ähnlich.

Der Winkel zwischen Schulterlinie und Oberarm, der vor allem von der Schulter- und Lenkerbreite sowie von den Armabmessungen abhängt, liegt bei den gemessenen Körperhaltungen zwischen 92° und 108°, wobei die kleineren Perzentile die größeren Winkel aufweisen. Wie die gemessenen Ellenbogengelenkpunkte in Bild 4.24 zeigten, liegen diese bei allen drei Perzentilen in einem sehr engen Bereich. Die Ellenbogengelenkwinkel, die stark von der Ellenbogengelenklage abhängen, zeigen daher sehr geringe Unterschiede und geben keinen definierten Zusammenhang zur Sitzposition an. Mit Ellenbogenwinkeln von 169° bis 174° sind die Arme bei allen Sitzpositionen gleich gestreckt.

Die Diagramme 4.26 und 4.27 lassen erkennen, daß die kleineren Fahrer, repräsentiert durch die 5 %-Frau und den 50 %-Menschen, aufgrund ihrer kleineren Hüftwinkel und ihrer größeren Oberarm-Rumpf-Winkel eine ungünstigere Oberkörperhaltung einnehmen als die größeren Fahrer.

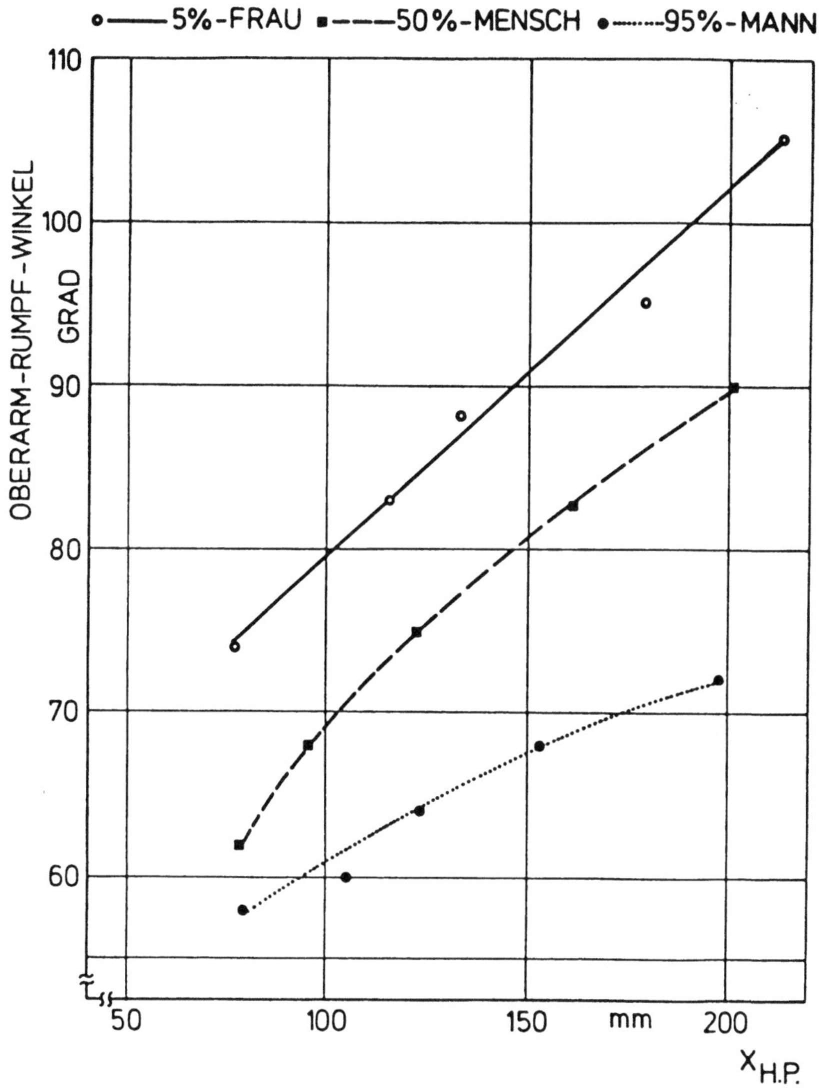

Diagramm 4.27 : Oberarm-Rumpf-Winkel der drei Perzentile auf dem Tourenmotorrad

4.4.2.2 Meßergebnisse des Choppers

Wie bereits erwähnt, besitzt der Chopper eine vorgeformte Stufensitzbank, die die Sitzposition des Fahrers, d.h. die Lage seines Hüftpunktes, in einem relativ engen Bereich eingrenzt.

Da bei der Meßpuppe für alle Perzentile stets die gleiche Gesäßschale verwendet wurde, die in die Sitzbankform dieses Motorrades gut paßte, außerdem die Fußpunktlage durch die Schuhwerkform und durch die Anordnung der Fußraste als vorgegeben betrachtet werden kann, ergaben sich für die drei Perzentile annähernd gleiche Hüftpunktlagen. Dies bedeutet, daß bei den Messungen auf diesem Motorrad nur die Oberkörperhaltung verändert werden konnte.

Bild 4.25 zeigt die Motorrad-Meßpuppe in der 95 %-Mann-Einstellung auf dem Chopper. Die Einpassung der Gesäßschale in die Sitzbankform ist deutlich zu erkennen.

Bild 4.25 : Motorrad-Meßpuppe auf dem Chopper

In Bild 4.26 sind die gemessenen Sitzpositionen und Körperhaltungen der 5 %-Frau, des 50 %-Menschen und des 95 %-Mannes schematisch dargestellt. Die Hüft- und Fußpunktlagen der drei Perzentile sind in diesem Bild annähernd gleich. Die Kniepunktlagen sind jedoch wegen der unterschiedlichen Oberschenkel- und Unterschenkellängen verschieden.

Die Oberkörperhaltung der Meßpuppe, die in jeweils drei Stellungen gemessen wurde, zeigt, daß sich der Schulter-, der Augen- und der Ellenbogenpunkt bei den vorgegebenen Oberkörperabmessungen entlang definierter Kurven bewegen.
Die gemessenen Größen, die bei diesem Motorrad nicht in Abhängigkeit von der Sitzposition dargestellt werden können (Hüftpunktlage durch die Sitzbankform fixiert), sind in Tabelle 4.19 zusammengefaßt.

Wie die Werte aus dieser Tabelle zeigen, sind die Fuß-, die Knie-, die Oberarm-Rumpf- sowie die Oberarm-Schulterlinien-Winkel für den 95 %-Mann kleiner als die für den 50 %-Menschen und für diesen ebenfalls kleiner als für die 5 %-Frau. Die Hüft-, die Ellen-

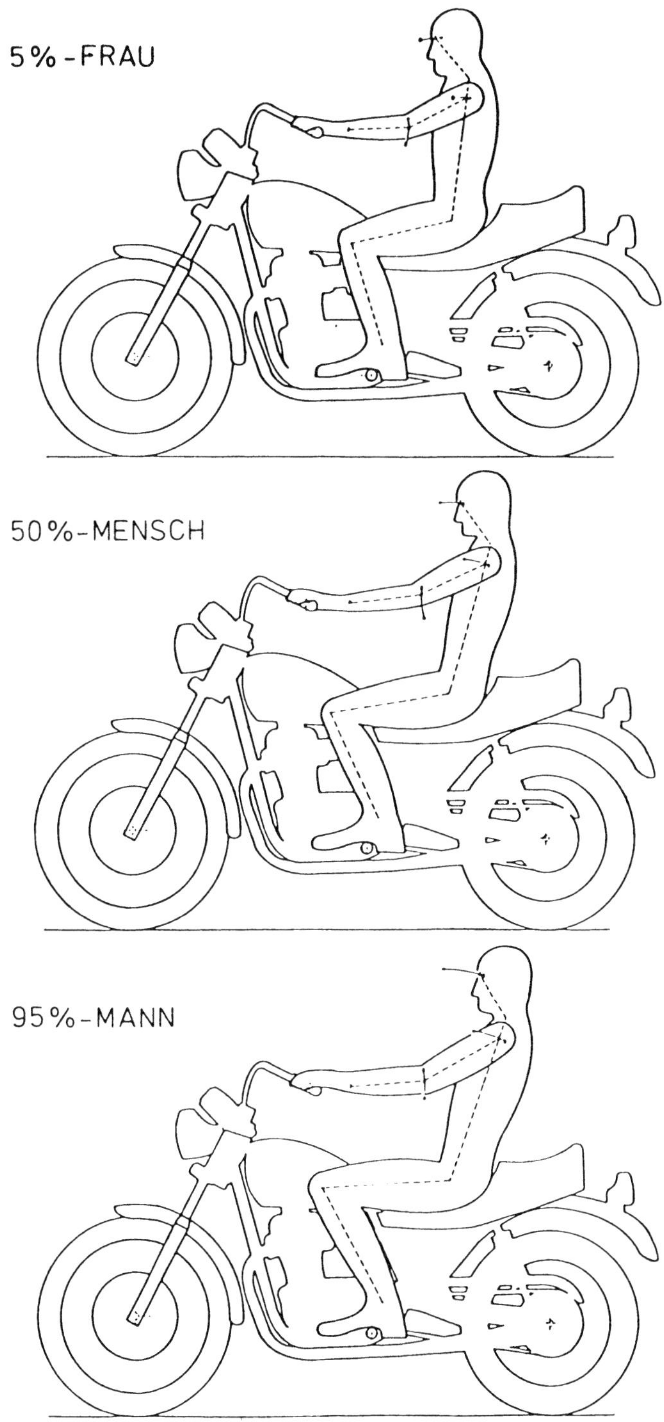

Bild 4.26 : Sitzposition und Körperhaltung der 5 %-Frau, des 50 %-Menschen und des 95 %-Mannes auf dem Chopper

bogen- und die Hüftachs-Oberschenkel-Winkel liegen hingegen für die drei Perzentile in einer vergleichbaren Größenordnung.

	5%-Frau	50%-Mensch	95%-Mann
Hüftpunkthöhe (über Fußpunkt) [mm]	405	403	402
Hor. Abstand Hüftpunkt-Fußpunkt [mm]	222	215	220
Fußwinkel [Grad]	70	62	60
Kniewinkel [Grad]	86	74	64
Hüftwinkel [Grad]	103-111	115-120	102-115
Winkel zwischen Hüftachse und Oberschenkel [Grad]	108	110	110
Oberarm-Rumpf-Winkel [Grad]	40-64	26-54	28-48
Winkel zwischen Oberarm und Schulterlinie [Grad]	106-115	106-113	100-108
Ellenbogenwinkel [Grad]	122-176	112-174	120-176

Tabelle 4.19: Hüftpunktlage und Körperwinkel auf dem Chopper

4.4.2.3 Meßergebnisse der Enduro

Zur Untersuchung der Abhängigkeit der Körperhaltung von der Sitzposition wurden auf der Enduro für jedes Perzentil 9 unterschiedliche Stellungen vermessen. Bild 4.27 zeigt eine der eingestellten Positionen der Meßpuppe.

Bild 4.27 : Motorrad-Meßpuppe auf der Enduro

Die gemessenen Körperpunktlagen bzw. die daraus abzuleitenden Tendenzen sowie die für die drei Perzentile realistischen Sitzpositionen und Körperhaltungen sind in Bild 4.28 schematisch dargestellt. Die Knie-, Hüft- und Ellenbogenpunkte zeigen in diesem Bild eindeutige Kurvenverläufe, die beim Fuß- und Ellenbogenpunkt durch Bögen um den Fuß- bzw. den Handpunkt beschrieben werden können. Die Hüftpunktkurven verlaufen in etwa parallel zur Sitzbankkontur.
In Diagramm 4.28 sind die Hüftpunktlagen der drei Perzentile und die ausgewerteten Verläufe dargestellt.

Die gemessenen Hüftpunkte liegen zwischen 450 und 485 mm über dem Fußpunkt und sind für hintere Sitzpositionen höher als für vordere. Aufgrund des niedrigen Gewichtes der 5 %-Frau und der damit verbundenen geringen Sitzbankeinfederung liegen die Hüftpunkte für dieses Perzentil höher als für die anderen beiden Perzentile.

Die gemessenen Fußwinkel und ihre Abhängigkeit von der Sitzposition sind in Diagramm 4.29 dargestellt.

Für die vordersten Sitzpositionen, bei denen der Hüftpunkt etwa senkrecht über dem Fußpunkt liegt, ergeben sich bei normaler Fußstellung unrealistisch kleine Fußwinkel zwischen 35° und 48°. Diese normale Fußstellung, bei der die Fußsohle auf dem Fußbedienhebel liegt, kann von den Fahrern bei diesen Sitzpositionen nicht realisiert werden. Sie setzen daher die Fußoberfläche unter den Fußbedienhebel, wodurch sich größere Fußwinkel ergeben.
Für die hinteren Sitzpositionen ergeben sich für die drei Perzentile größere Fußwinkel, die mit zunehmender Entfernung zwischen Hüftpunkt und Fußpunkt stets größer werden, für große Perzentile jedoch insgesamt kleiner sind als für die kleinen Perzentile.

Die Kniewinkeländerung in Abhängigkeit von der Sitzposition ist in Diagramm 4.30 dargestellt. Die gemessenen Winkel liegen zwischen 65° und 100° und nehmen mit größer werdender Hüftpunktkoordinate zu. Die Kniewinkelunterschiede zwischen den drei Perzentilen betragen jeweils ca. 10°. Die 5 %-Frau weist dabei die größeren Winkel auf.

Die Hüftwinkel der drei Perzentile und die daraus berechneten Kurvenverläufe sind in Diagramm 4.31 wiedergegeben. Die gemessenen Winkel liegen für die drei Perzentile bei gleichen Sitzpositionen in einem engen Bereich von ca. 10°, der bei hinteren Sitzpositio-

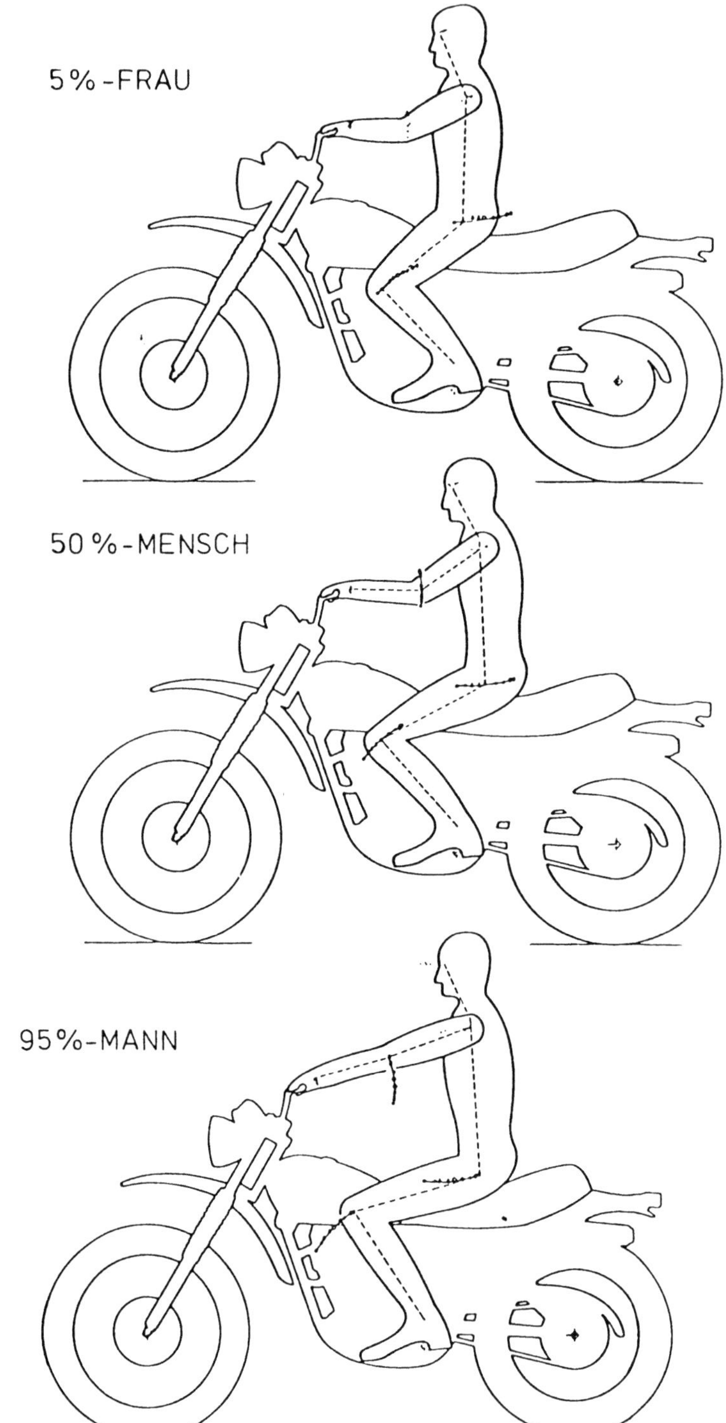

Bild 4.28 : Sitzposition und Körperhaltung der 5 %-Frau, des 50 %-Menschen und des 95 %-Mannes auf der Enduro

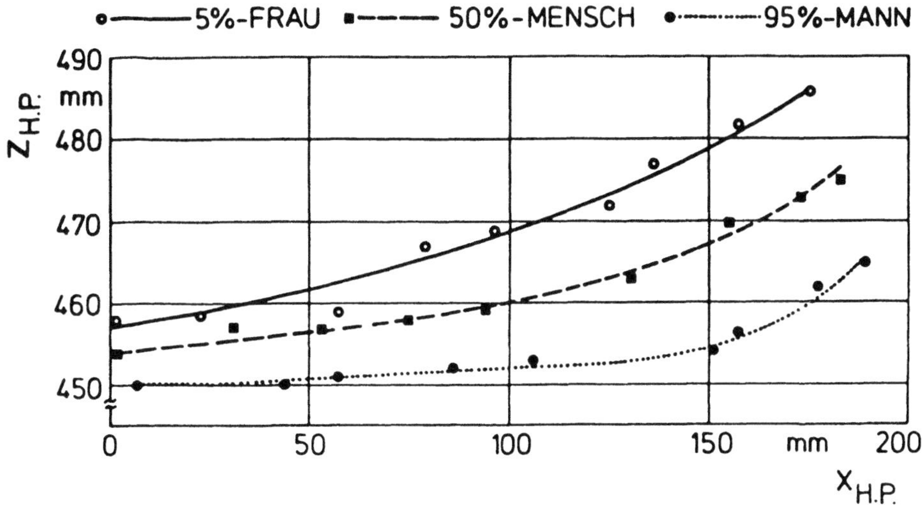

Diagramm 4.28 : Hüftpunktlage auf der Enduro

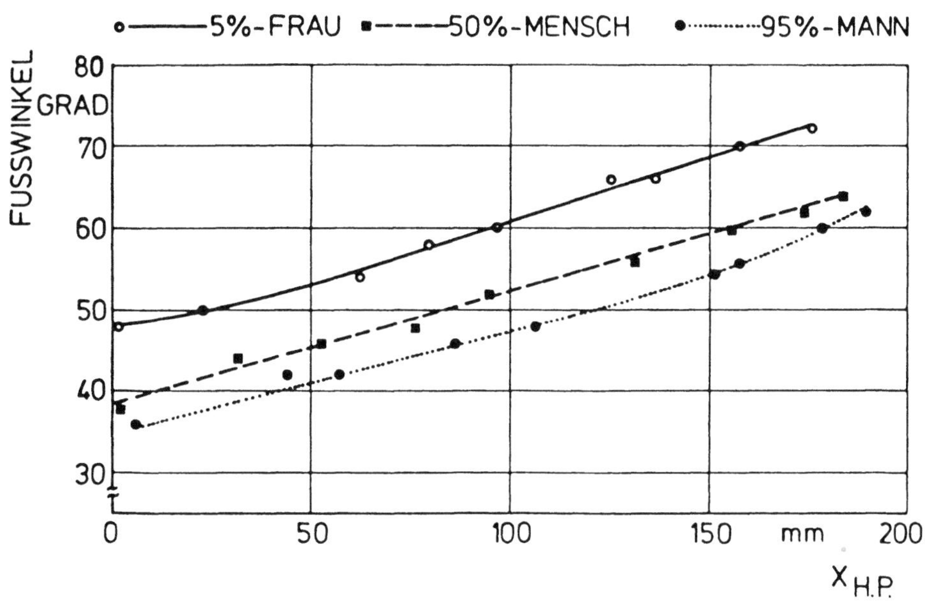

Diagramm 4.29 : Fußwinkel der drei Perzentile auf der Enduro

nen noch kleiner wird. Der Hüftwinkel nimmt mit zunehmender Entfernung zwischen Hüft- und Fußpunkt ab und ist in der hintersten Sitzposition ca. 30° kleiner als in der vordersten Sitzposition.

Der Beinspreizungswinkel, also der Winkel zwischen Hüftachse und Oberschenkel, liegt für die drei Perzentile zwischen 102° und 110°, wobei in den vorderen Sitzpositionen die größeren Winkel ge-

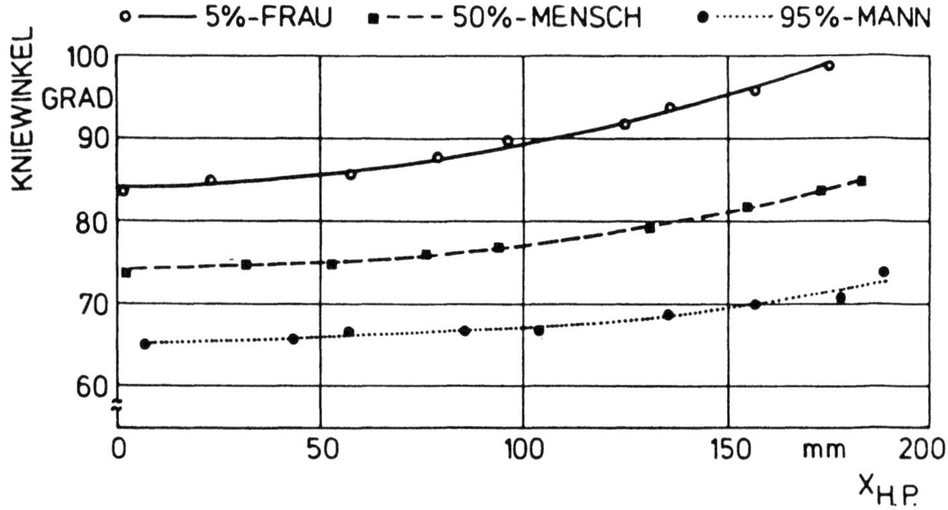

Diagramm 4.30 : Kniewinkel der drei Perzentile auf der Enduro

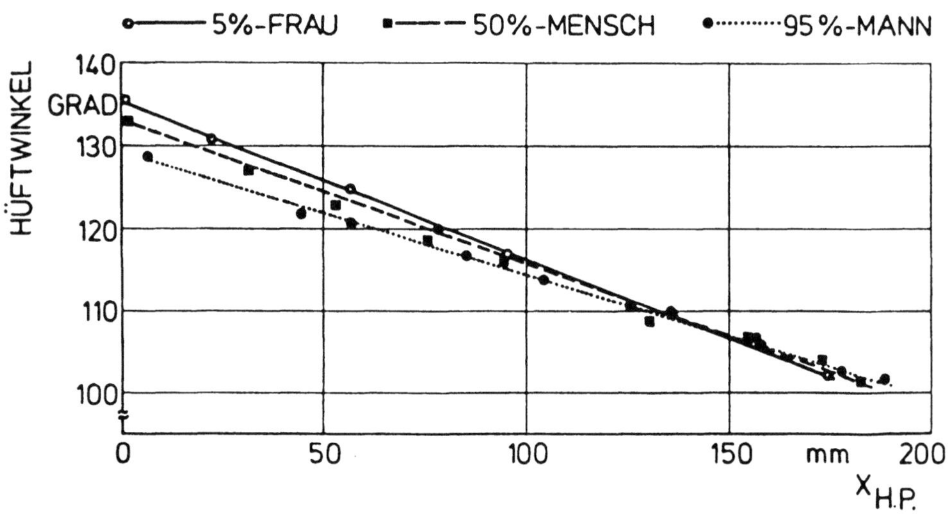

Diagramm 4.31: Hüftwinkel der drei Perzentile auf der Enduro

messen wurden. Für die Beinspreizung ergeben sich daher auf diesem Motorrad Winkel zwischen 24° und 40°.

Die Oberarm-Rumpf-Winkel und ihre Abhängigkeit von der Sitzposition sind in Diagramm 4.32 dargestellt. Die ansteigend verlaufenden Kurven liegen in einem ca. 30° breiten Bereich zwischen 28° und 94°. Bei gleicher Sitzposition ist der Oberarm-Rumpf-Winkel der 5 %-Frau um etwa 18° größer als der des 50 %-Menschen und um etwa 30° größer als der des 95 % Mannes.

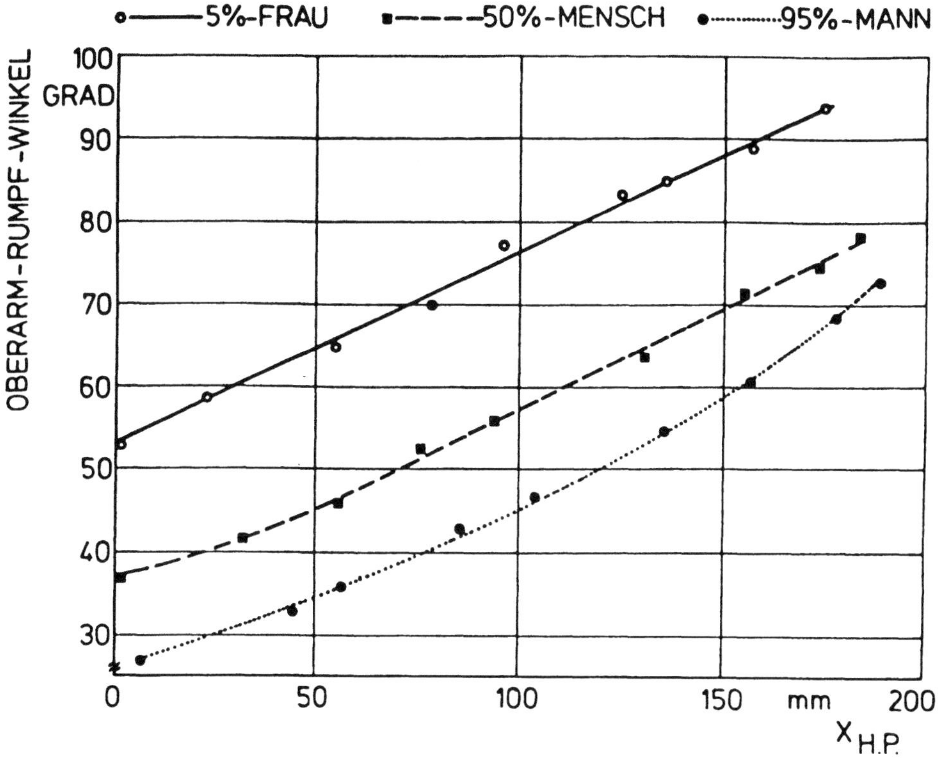

Diagramm 4.32: Oberarm-Rumpf-Winkel der drei Perzentile auf der Enduro

Der Oberarm-Schulterlinien-Winkel auf der Enduro beträgt bei der 5 %-Frau 114° - 120°, beim 50 %-Menschen 106 - 110° und beim 95 %-Mann 98° - 106°. Diese Winkel sind wegen der großen Lenkerbreite dieses Motorrades relativ groß.

Im Diagramm 4.33 sind die Verläufe der Ellenbogenwinkelkurven für die drei Perzentile dargestellt.

Der Ellenbogenwinkel, der für die hinteren Sitzpositionen im allgemeinen größer ist, als für die vorderen Sitzpositionen, ist bei der 5 %-Frau größer als bei den anderen beiden Perzentilen. Für die unterschiedlichen Sitzpositionen der drei Perzentile ergeben sich Winkel zwischen 110° und 175°.

Ein Vergleich der Kurvenverläufe in den Diagrammen 4.29 - 4.33 zeigt, daß die 5 %-Frau mit den größten Fuß- und Kniewinkeln zwar die günstigste Unterkörperhaltung hat, daß sie jedoch mit

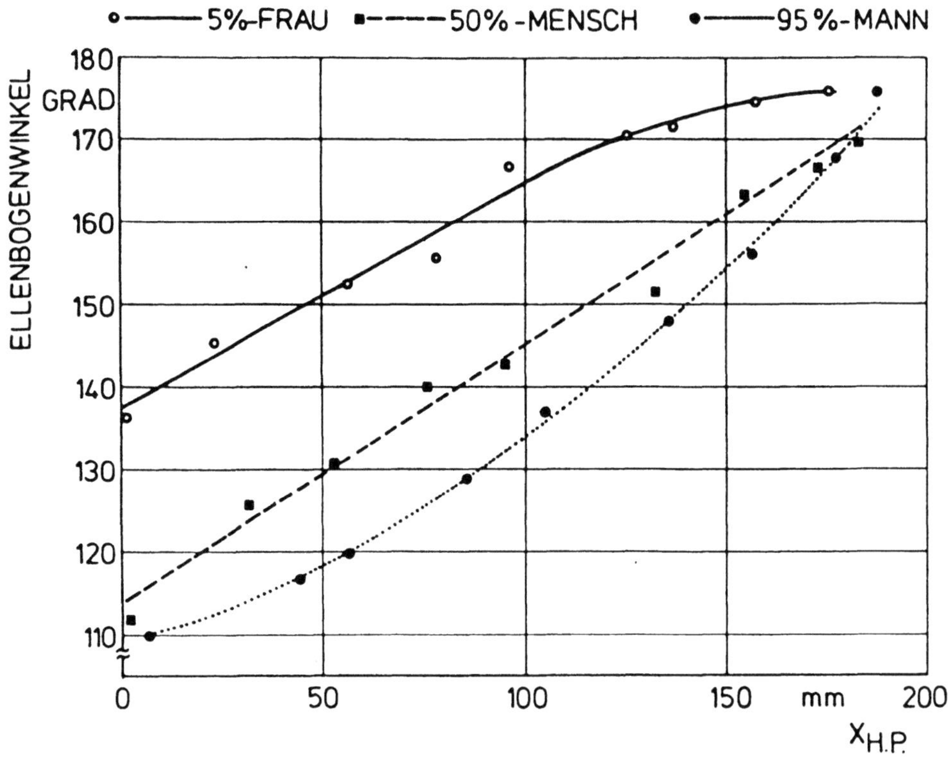

Diagramm 4.33: Ellenbogenwinkel der drei Perzentile auf der Enduro

den größten Oberarm-Rumpf- und Ellenbogenwinkeln die Arme am stärksten strecken und damit belasten muß. Der 95 %-Mann weist hingegen eine günstigere Oberkörperhaltung auf, muß jedoch sehr kleine Fuß- und Kniewinkel und damit eine gespannte Unterkörperhaltung hinnehmen.

4.4.2.4 Meßergebnisse des Leichtkraftrades

Zur Verdeutlichung der Zusammenhänge zwischen der Körperhaltung und der Sitzposition auf dem Leichtkraftrad wurden für die drei Perzentile 5 %-Frau, 50 %-Mensch und 95 %-Mann jeweils 5 unterschiedliche Positionen vermessen und ausgewertet. Eine dieser Positionen zeigt Bild 4.29.

Die gemessenen Sitzpositionen und Körperhaltungen, charakterisiert durch die Lagen der Körperpunkte, sind im Bild 4.30 für die drei Perzentile schematisch einzeln dargestellt.

Bild 4.29 : Motorrad-Meßpuppe auf dem Leichtkraftrad

Die eingezeichneten Knie- und Hüftpunkte der vermessenen Sitzpositionen zeigen bei den drei Perzentilen eindeutige Kurvenverläufe. Die anderen Körperpunkte lassen hingegen nur bei der 5 %-Frau klare Tendenzen erkennen.

In Diagramm 4.34 sind die gemessenen Hüftpunktlagen der drei Perzentile und die daraus ermittelten Kurvenverläufe dargestellt. Die horizontale Entfernung der Hüftpunkte zum Fußgelenk bewegt sich zwischen 70 und 220 mm, was einen effektiven Sitzbereich von 150 mm ergibt. In diesem Bereich liegen die Hüftpunkte der 5 %-Frau höher als die der anderen beiden Perzentile. Die Hüftpunkte liegen im allgemeinen für zurückliegende Sitzpositionen höher als für die vorderen Sitzpositionen.
In Diagramm 4.35 sind die gemessenen Fußwinkel in Abhängigkeit von der Sitzposition aufgetragen. Die ansteigend verlaufenden Kurven zeigen Fußwinkelwerte von 47° - 60° für die vorderen und 66° - 80° für die hinteren Sitzpositionen. Im Vergleich zu den, etwa gleichgroßen Fußwinkeln beim 50-ten und 95-ten Perzentil, liegen die Fußwinkel der 5 %-Frau im gesamten Meßbereich um ca. 12° höher.
Die gemessenen Kniewinkel mit den entsprechenden Kurvenverläufen sind in Diagramm 4.36 dargestellt. Sie weisen wie die Fußwinkelkurven ebenfalls ansteigende Tendenzen auf, zeigen jedoch größere Unterschiede zwischen den Kniewinkeln der einzelnen Perzentile. Mit Werten zwischen 90° und 105° liegen die Fußwinkel der 5 %-Frau um ca. 18° bzw. ca. 25° höher als beim 50 %-Menschen und beim 95 %-Mann.

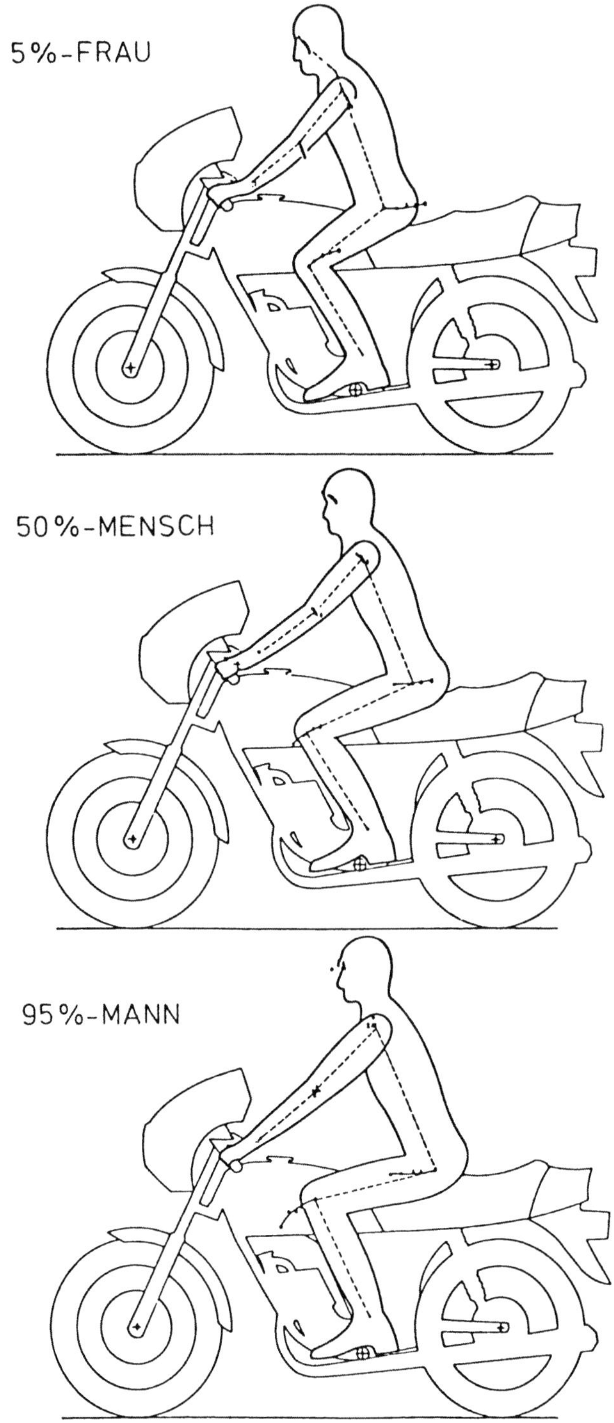

Bild 4.30 : Sitzpositionen und Körperhaltungen der 5 %-Frau, des 50 %-Menschen und des 95 %-Mannes auf dem Leichtkraftrad

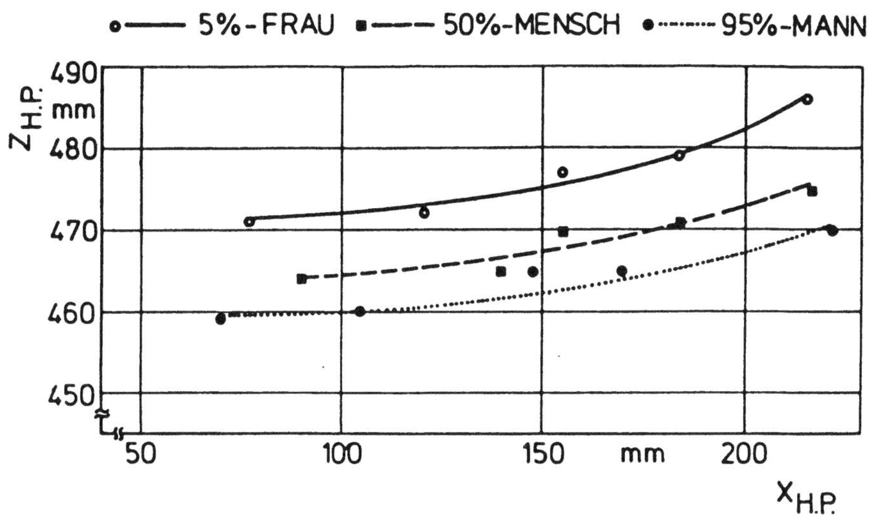

Diagramm 4.34 : Hüftpunktlage auf dem Leichtkraftrad

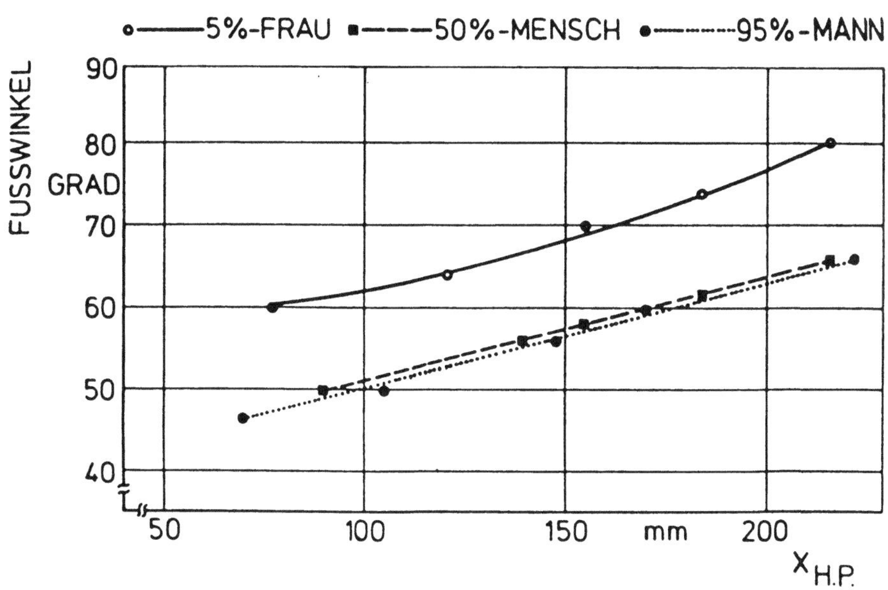

Diagramm 4.35 : Fußwinkel der drei Perzentile auf dem Leichtkraftrad

Die Hüftwinkel und die dafür ermittelten Kurvenverläufe sind in Diagramm 4.37 dargestellt.

Die abfallend verlaufenden Kurven liegen im gesamten Meßbereich sehr eng zusammen und zeigen je nach Sitzposition annähernd gleiche Hüftwinkel. Diese Winkel sind in den vorderen Sitzpositionen mit 115° relativ groß, in den hinteren Sitzpositionen mit 80° aber wesentlich kleiner.

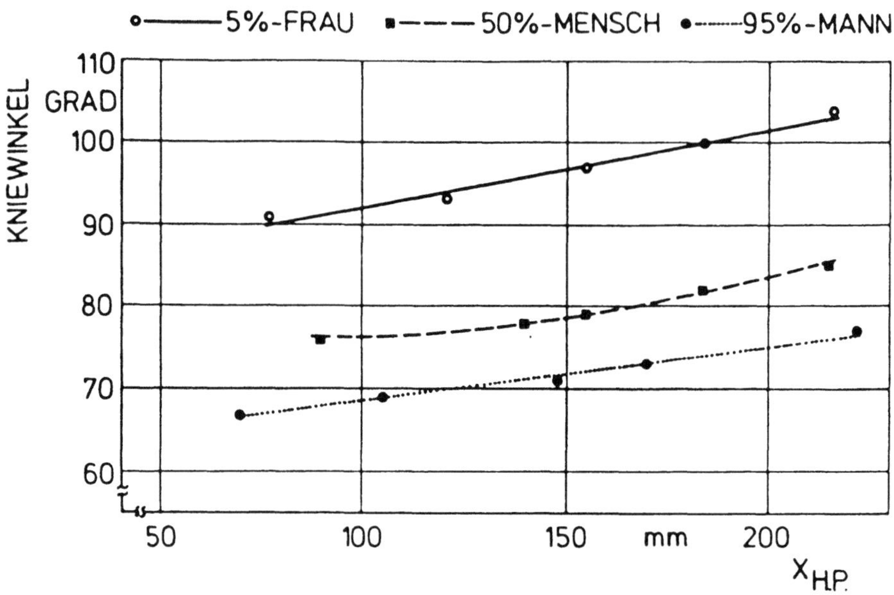

Diagramm 4.36 : Kniewinkel der drei Perzentile auf dem Leichtkraftrad

Der Winkel zwischen dem Oberschenkel und der Hüftachse, der als Maß für die Motorradbreite betrachtet werden kann, liegt für alle Perzentile zwischen 106° und 114° und ist in den vordersten Sitzpositionen am größten. Der Beinspreizungswinkel beträgt damit je nach Sitzposition zwischen 32° und 48°.

In Diagramm 4.38 sind die gemessenen Oberarm-Rumpf-Winkel und die entsprechenden Kurvenverläufe dargestellt.
Die Winkel variieren in einem Bereich von 46° in den vordersten Sitzpositionen bis 85° in den hintersten Sitzpositionen. Die Oberarm-Rumpf-Winkeländerung der einzelnen Perzentile beträgt ca. 22°.

Wegen der kurzen Armlänge der 5 %-Frau und aufgrund des tief angeordneten Lenkers sind die Winkel bei diesem Perzentil am größten.

Der Winkel zwischen dem Oberarm und der Schulterlinie liegt je nach Perzentil zwischen 100° und 108°, wobei die kleineren Perzentile die größeren Winkel aufweisen.

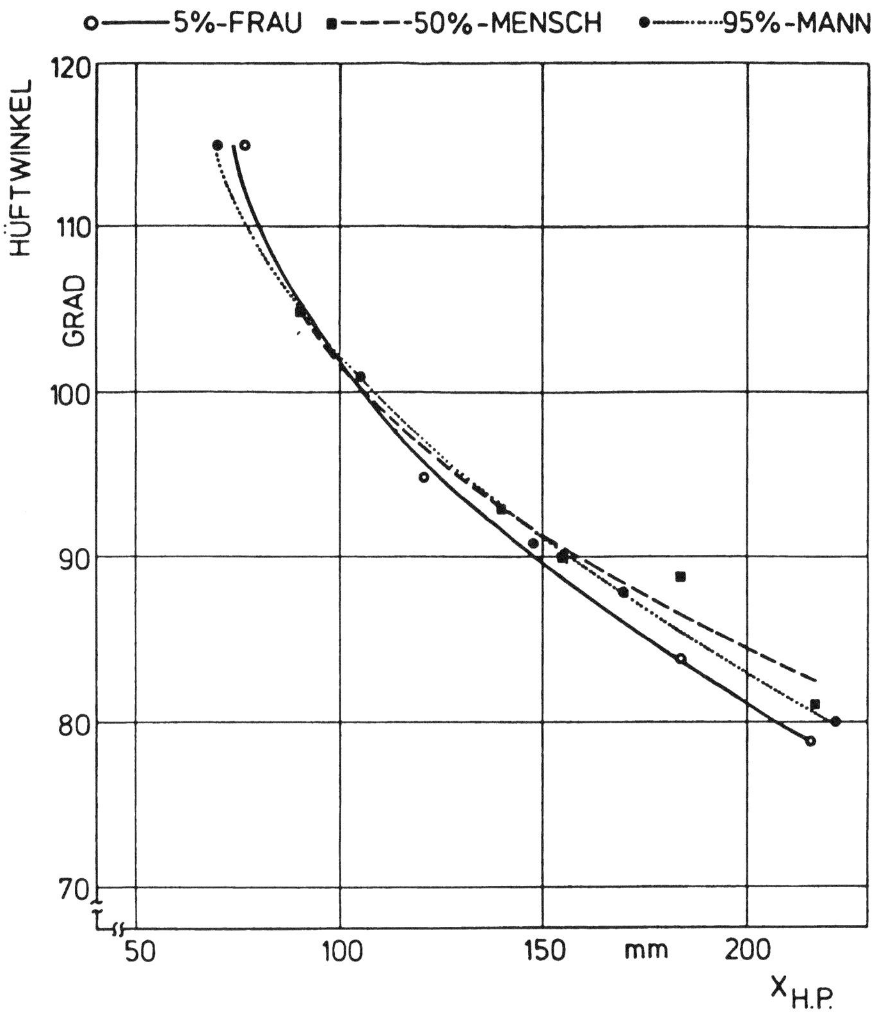

Diagramm 4.37 : Hüftwinkel der drei Perzentile auf dem Leichtkraftrad

Eine Betrachtung der gemessenen Ellenbogenwinkel zeigt, daß diese für alle Perzentile annähernd gleich sind. Sie liegen zwischen 168° und 176°, wobei die Winkel in den hinteren Sitzpositionen nur geringfügig größer sind als in den vorderen. Die Armstreckung der drei Perzentile kann daher als sitzpositionsunabhängig betrachtet werden.

Ein abschließender Vergleich der gemessenen Körperwinkel bei den unterschiedlichen Sitzpositionen zeigt, daß die kleineren Motorradfahrer, wie z.B. die 5 %-Frau, aufgrund ihrer großen Fuß- und Kniewinkel (vgl. Diagramm 4.35 und Diagramm 4.36) die günstigeren

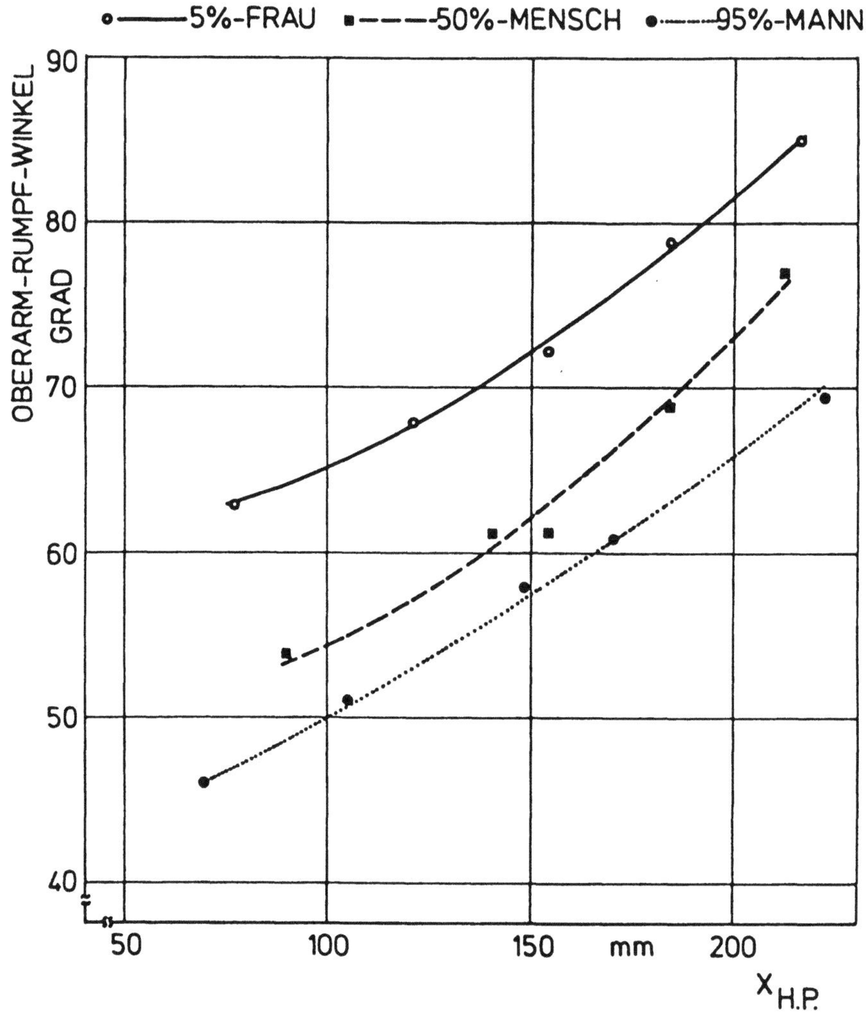

Diagramm 4.38 : Oberarm-Rumpf-Winkel der drei Perzentile auf dem Leichtkraftrad

Unterkörperhaltungen aufweisen. Die Oberkörperhaltung ist jedoch trotz geringer Unterschiede beim Oberarm-Rumpf-Winkel (Diagramm 4.38) für alle drei Perzentile annähernd gleich.

4.4.2.5 Vergleich der Meßergebnisse der vier Motorräder

Zum Vergleich der ermittelten Sitzpositionen und Körperhaltungen der 5 %-Frau, des 50 %-Menschen und des 95 %-Mannes sind im folgenden die bereits diskutierten Meßergebnisse der vier Motorräder zusammengefaßt.

Die im körperfesten Koordinatensystem gemessenen Hüftpunkthöhen sind in Tabelle 4.20 gegenübergestellt. Danach liegen die Hüftpunkte der drei Perzentile auf dem Chopper am niedrigsten. Aufgrund der tief angeordneten Fußrasten des Leichtkraftrades liegen die Hüftpunkte auf diesem Motorrad relativ zum Fußpunkt am höchsten.

	Tourenmotorrad	Chopper	Enduro	Leichtkraftrad
5% - Frau	446 - 461	405	458 - 486	471 - 486
50% - Mensch	446 - 453	404	454 - 475	464 - 475
95% - Mann	440 - 459	402	450 - 465	459 - 470

Tabelle 4.20 : Hüftpunkthöhe über dem Fußpunkt

Die Hüftpunkthöhen über dem Boden, die sich aus den Werten aus Tabelle 4.20 unter Berücksichtigung der jeweiligen Fußpunkthöhe ergeben, sind in Tabelle 4.21 angegeben.

	Tourenmotorrad	Chopper	Enduro	Leichtkraftrad
5% - Frau	860 - 875	800	866 - 894	806 - 821
50% - Mensch	860 - 867	799	862 - 883	779 - 810
95% - Mann	854 - 861	797	868 - 873	794 - 805

Tabelle 4.21 : Hüftpunkthöhe über dem Boden

Ein Vergleich der beiden letzten Tabellen zeigt, daß trotz der großen Hüftpunkthöhe über dem Fußpunkt beim Leichtkraftrad, die Enduro die größte Sitzhöhe aufweist.

Die gemessenen Fußwinkel sind in Tabelle 4.22 zusammengefaßt. Sie sind bei der Enduro, insbesondere in den vorderen Sitzpositionen, am kleinsten. Die größten Fußwinkel wurden bei dem Tourenmotorrad gemessen.

Die Kniewinkel, die zusammen mit dem Fußwinkel von der Sitzposition, vom Perzentil und von der Anordnung der Fußbedienhebel ab-

	Tourenmotorrad	Chopper	Enduro	Leichtkraftrad
5% - Frau	66 - 82	70	48 - 72	60 - 80
50% - Mensch	58 - 72	62	38 - 64	50 - 66
95% - Mann	56 - 66	60	36 - 62	46 - 66

Tabelle 4.22 : Fußwinkel der drei Perzentile

hängen, sind in Tabelle 4.23 für die vier Motorräder gegenübergestellt. Geht man davon aus, daß große Kniewinkel als angenehm empfunden werden, so gewährleisten das Leichtkraftrad und das Tourenmotorrad nach den vorliegenden Messungen die größten Kniewinkel und in Verbindung mit dem großen Fußwinkel damit die günstigsten Unterkörperhaltungen.

	Tourenmotorrad	Chopper	Enduro	Leichtkraftrad
5% - Frau	91 - 99	86	84 - 89	91 - 104
50% - Mensch	78 - 83	74	73 - 84	76 - 85
95% - Mann	68 - 72	64	65 - 74	67 - 77

Tabelle 4.23 : Kniewinkel der drei Perzentile

In der Tabelle 4.24 sind alle gemessenen Hüftwinkel für die vier Motorräder zusammengefaßt. Sie sind im allgemeinen bei der Enduro und bei dem Chopper am größten und erlauben eine aufrechte Oberkörperhaltung. Mit Hüftwinkeln zwischen 75° und 105° ist der Oberkörper auf dem Tourenmotorrad am stärksten nach vorne geneigt.

	Tourenmotorrad	Chopper	Enduro	Leichtkraftrad
5% - Frau	75 - 101	103 - 111	102 - 136	79 - 115
50% - Mensch	79 - 104	115 - 120	102 - 133	81 - 105
95% - Mann	86 - 105	102 - 115	102 - 129	80 - 115

Tabelle 4.24 : Hüftwinkel der drei Perzentile

Der Oberschenkel-Hüftachs-Winkel, der die zum Sitzen auf einem Motorrad erforderliche Beinspreizung charakterisiert, ist für die drei Perzentile auf den vier Motorrädern in Tabelle 4.25 angegeben. Mit einem Winkel von 56° zwischen den Oberschenkeln ist die Beinspreizung auf dem Tourenmotorrad am größten. Die kleinste Beinspreizung ist hingegen auf der Enduro gemessen worden. Wegen der schmalen Sitzbank dieses Motorrades müssen die Beine nicht so stark gespreizt werden. Die kleinste Beinspreizung beträgt dabei 24°.

	Tourenmotorrad	Chopper	Enduro	Leichtkraftrad
5% - Frau	110 - 118	108	104 - 110	106 - 110
50% - Mensch	112 - 118	110	102 - 110	110 - 114
95% - Mann	105 - 115	110	102 - 110	110 - 112

Tabelle 4.25 : Oberschenkel-Hüftachs-Winkel der drei Perzentile

In Tabelle 4.26 sind die Bereiche der Oberarm-Rumpf-Winkel der drei Perzentile auf den vier Versuchsmotorrädern angegeben. Auf dem Tourenmotorrad und dem Leichtkraftrad, auf denen eine sportliche Oberkörperhaltung eingenommen wird, sind die Oberarm-Rumpf-Winkel am größten. Auf der Enduro und dem Chopper, auf denen eher eine aufrechte Oberkörperhaltung eingenommen wird, sind diese Winkel entsprechend kleiner.

	Tourenmotorrad	Chopper	Enduro	Leichtkraftrad
5% - Frau	74 - 105	40 - 64	53 - 94	63 - 85
50% - Mensch	62 - 90	26 - 54	37 - 78	54 - 77
95% - Mann	58 - 72	28 - 48	26 - 73	46 - 69

Tabelle 4.26 : Oberarm-Rumpf-Winkel der drei Perzentile

Die Oberarm-Schulterlinien-Winkel, die als Maß für die Lenkerbreite betrachtet werden können, sind in Tabelle 4.27 für die 5 %-Frau, den 50 %-Menschen und den 95 %-Mann für alle vier Motorräder zusammengefaßt. Sie sind bei der Enduro und dem Chopper am größten, liegen jedoch alle in der gleichen Größenordnung.

	Tourenmotorrad	Chopper	Enduro	Leichtkraftrad
5% - Frau	100 - 108	106 - 115	114 - 120	103 - 108
50% - Mensch	98 - 102	106 - 113	106 - 110	102 - 105
95% - Mann	92 - 100	100 - 108	98 - 106	100 - 104

Tabelle 4.27 : Oberarm-Schulterlinien-Winkel der drei Perzentile

Abschließend sind die auf den vier Motorrädern gemessenen Ellenbogenwinkelbereiche in Tabelle 4.28 angegeben.

Wie bereits bei der Diskussion der Meßergebnisse der einzelnen

	Touren-motorrad	Chopper	Enduro	Leicht-kraftrad
5% - Frau	170 - 174	122 - 176	137 - 176	168 - 170
50% - Mensch	169 - 174	112 - 174	112 - 170	168 - 176
95% - Mann	169 - 174	120 - 176	110 - 176	164 - 170

Tabelle 4.28 : Ellenbogenwinkel der drei Perzentile

Motorräder erwähnt, sind die Arme der drei Perzentile auf dem Tourenmotorrad und dem Leichtkraftrad am weitesten gestreckt (vgl. auch Tabelle 4.26). Bei der vorwiegend aufrechten Oberkörperhaltung auf dem Chopper und der Enduro sind die Arme mehr abgewinkelt, wodurch sich entsprechend kleinere Ellenbogenwinkel ergeben.

4.5 Vergleich aller Meßergebnisse

In den durchgeführten Untersuchungen wurden die Sitzposition und die Körperhaltung der Motorradfahrer sowohl im Fahr- als auch im Laborversuch ermittelt. Mit der Motorrad-Meßpuppe wurden weiterhin die Abhängigkeiten zwischen der Körperhaltung und der Sitzposition für die drei charakteristischen Perzentile, die 5 %-Frau, den 50 %-Mensch und den 95 %-Mann, untersucht.

Wie bereits in Kapitel 4.3 erwähnt, besteht zwischen den Ergebnissen aus dem Fahrversuch und denen aus den Labormessungen eine gute Übereinstimmung. Danach können die Ergebnisse der Standmessungen im Labor, als repräsentativ betrachtet werden.

Beim Vergleich dieser Ergebnisse mit denen aus der Meßpuppen-Untersuchung müssen folgende Punkte berücksichtigt werden:

- Die Meßpuppen-Messungen orientierten sich an den Ergebnissen der Standmessungen und dienten hauptsächlich dazu, die Abhängigkeit der Körperhaltung von der Sitzposition zu untersuchen.
- Die Meßpuppen-Messungen berücksichtigten die statistisch zu erwartende Fahrerpopulation von der 5 %-Frau bis zum 95 %-Mann. Bei den Standmessungen konnten hingegen die kleinen Motorradfahrer, also auch die 5 %-Frau, aus Gründen der Verfügbarkeit nicht ausreichend berücksichtigt werden.
- Die gemessenen Körperwinkel entsprechen bei der Meßpuppe den tatsächlichen räumlichen Winkeln, bei den Motorradfahrern, be-

dingt durch das photographische Meßverfahren, den Projektionen dieser räumlichen Winkel in die X-Z-Ebene.

In den Tabellen 4.29 bis 4.33 sind die wichtigsten Angaben zur Sitzposition und zur Körperhaltung aus den Stand- und Meßpuppen-Messungen für die vier repräsentativen Motorräder zusammengefaßt.

	Real Motorrad-Fahrer	Simulation Motorrad-Meßpuppe
Hüftpunkthöhe über dem Boden [mm]	861 - 897	854 - 875
Horizontaler Abstand zwischen Hüftpunkt und Fußpunkt [mm]	197 - 297	77 - 213
Fußwinkel [Grad]	66 - 112	56 - 82
Kniewinkel [Grad]	72 - 87	86 - 99
Hüftwinkel [Grad]	68 - 90	75 - 105
Oberarm-Rumpf-Winkel [Grad]	66 - 85	58 - 105
Ellenbogenwinkel [Grad]	156 - 175	169 - 174

Tabelle 4.29 : Vergleich der Meßwerte des Tourenmotorrades

	Real Motorrad-Fahrer	Simulation Motorrad-Meßpuppe
Hüftpunkthöhe über dem Boden [mm]	794 - 844	797 - 800
Horizontaler Abstand zwischen Hüftpunkt und Fußpunkt [mm]	225 - 392	215 - 222
Fußwinkel [Grad]	56 - 133	60 - 70
Kniewinkel [Grad]	63 - 92	64 - 86
Hüftwinkel [Grad]	86 - 105	102 - 120
Oberarm-Rumpf-Winkel [Grad]	32 - 67	26 - 64
Ellenbogenwinkel [Grad]	112 - 173	112 - 176

Tabelle 4.30 : Vergleich der Meßwerte des Choppers

Die größten Unterschiede treten bei den angegebenen Hüftpunkthöhen bzw. bei den Abständen zwischen dem Hüftpunkt und dem Fußpunkt auf. Dies ist, wie bereits erwähnt, auf die Gesäßschalenform der Meßpuppe und die relative Lage des Hüftpunktes in dieser Schale zurückzuführen.

Weiterhin ist festzustellen, daß die gemessenen Fußwinkel an der Meßpuppe kleiner sind als die der realen Motorradfahrer. Dies resultiert daraus, daß bei der Meßpuppe nur normale Fußstellun-

	Real Motorrad- Fahrer	Simulation Motorrad- Meßpuppe
Hüftpunkthöhe über dem Boden [mm]	861 - 915	862 - 894
Horizontaler Abstand zwischen Hüftpunkt und Fußpunkt [mm]	95 - 292	1 - 187
Fußwinkel [Grad]	50 - 133	36 - 72
Kniewinkel [Grad]	68 - 89	65 - 89
Hüftwinkel [Grad]	87 - 119	102 - 136
Oberarm-Rumpf-Winkel [Grad]	51 - 81	26 - 94
Ellenbogenwinkel [Grad]	136 - 174	110 - 176

Tabelle 4.31 : Vergleich der Meßwerte der Enduro

	Real Motorrad- Fahrer	Simulation Motorrad- Meßpuppe
Hüftpunkthöhe über dem Boden [mm]	808 - 839	794 - 821
Horizontaler Abstand zwischen Hüftpunkt und Fußpunkt [mm]	127 - 350	69 - 223
Fußwinkel [Grad]	60 - 111	46 - 80
Kniewinkel [Grad]	71 - 94	67 - 104
Hüftwinkel [Grad]	62 - 87	79 - 115
Oberarm-Rumpf-Winkel [Grad]	60 - 79	46 - 85
Ellenbogenwinkel [Grad]	148 - 177	164 - 176

Tabelle 4.32 : Vergleich der Meßwerte des Leichtkraftrades

gen simuliert wurden, bei denen die Fußsohle auf dem entsprechenden Fußbedienelement, also Getriebeschalthebel bzw. Hinterradbremshebel, lag.

5. Sitzposition und Körperhaltung auf dem Motorrad und im Personenkraftwagen

Der Fahrersitz im Kraftfahrzeug ist als Arbeitssitz der wichtigste Teil des Fahrerarbeitsplatzes. Von diesem Platz aus muß der Fahrer Arbeitsaufgaben manueller, pedueller und visueller Art wahrnehmen. Bei der Gestaltung des Arbeitsplatzes müssen daher sowohl die vorliegenden Arbeitsaufgaben als auch die anthropometrischen und die arbeitsphysiologischen Voraussetzungen berücksichtigt werden.

Ein Vergleich dieser Randbedingungen beim Pkw- und beim Motorrad-Fahrerplatz zeigt, daß es sich in beiden Fällen zwar um die gleiche Fahrerpopulation handelt, daß sich jedoch die Arbeitsaufgaben und arbeitsphysiologischen Voraussetzungen z.T. erheblich unterscheiden. Dies erklärt auch u.a. die großen Unterschiede in der Fahrerplatzgestaltung dieser beiden Fahrzeugarten.

Während bei der Gestaltung des Pkw-Fahrerarbeitsplatzes inzwischen von optimalen Fahrersitzpositionen und -körperhaltungen ausgegangen wird, die in verschiedenen wissenschaftlichen Arbeiten untersucht und ermittelt wurden /14/, /7/, wird der Motorrad-Fahrerplatz immer noch nach vorwiegend fahrdynamischen und aerodynamischen Gesichtspunkten bzw. nach traditionellen Erfahrungswerten gestaltet.

Zum Vergleich der Fahrersitzposition und -körperhaltung im Pkw und auf dem Motorrad sind diese in Bild 5.1 schematisch dargestellt. Die angegebenen Werte für den Pkw-Fahrer sind der Literatur entnommen /14/, /7/, /4/. Die Werte für den Motorradfahrer resultieren hingegen aus den Ergebnissen der vorliegenden Untersuchungen.

Eine Betrachtung der Sitzpositionen des Pkw- und des Motorradfahrers anhand der in Bild 5.1 angegebenen Hüftpunktlagen zeigt, daß der Motorradfahrer bei stark abgewinkelten Beinen grundsätzlich höher sitzt als der Pkw Fahrer.

Der Hüftpunkt des Motorradfahrers liegt zwischen 794 und 915 mm (vgl. Tabellen 4.29 - 4.32) über dem Boden. Berücksichtigt man die Hüftpunkthöhe der stehenden 5 %-Frau mit ca. 800 mm /27/ und die Tatsache, daß der Motorradfahrer beim stehenden Motorrad mit gespreizten Beinen auf dem Boden steht, so stellt man fest, daß die Motorräder für die kleinen Fahrer zu hoch gebaut sind. Dies spielt beim Pkw-Fahrer eine untergeordnete Rolle.

Der mit 90° angegebene Fußwinkel für den Pkw-Fahrer liegt im Fahrbetrieb zwischen 85° und 105° /14/. Der Fußwinkel des Motorradfahrers ist mit durchschnittlich 82° und einer Standardabweichung von 15° (67° - 97°) geringfügig kleiner.

Der optimale Kniewinkel für den Pkw-Fahrer ist in der Literatur mit 110° - 120° angegeben. In diesem Winkelbereich kann der Fahrer bei maximaler Muskelentspannung die größte Kraft ausüben /13/, /8/. Der Kniewinkel des Motorradfahrers ist hingegen mit 78° und

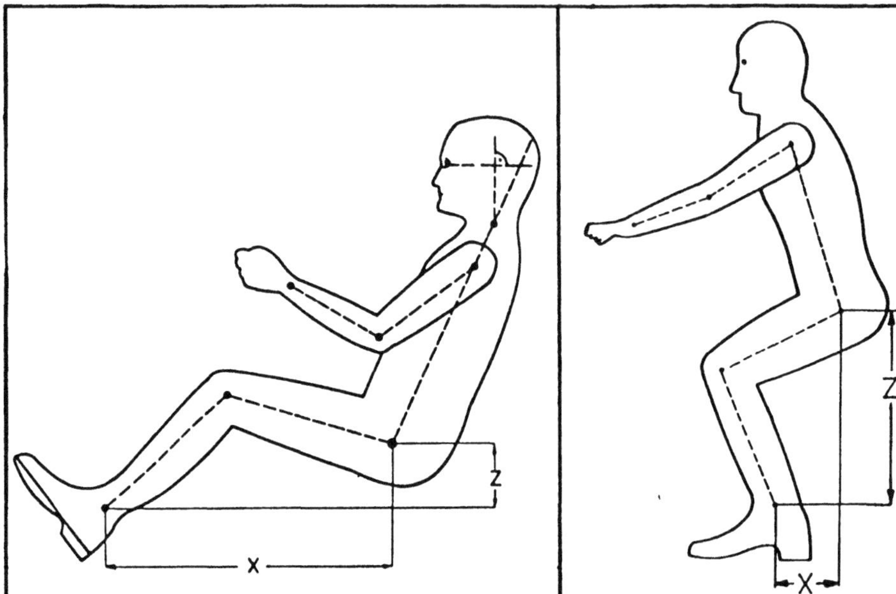

		Personenkraftwagen	Motorrad	
X	[mm]	500-900	95-390	
Z	[mm]	60-400	410-510	
Fußwinkel	[Grad]	90	82	σ=15
Kniewinkel	[Grad]	110-120	78	σ= 6
Hüftwinkel	[Grad]	100-115	88	σ=11
Oberarm-Rumpf-Winkel	[Grad]	28	64	σ=13
Ellenbogenwinkel	[Grad]	105-115	157	σ=18

Bild 5.1 : Sitzposition und Körperhaltung des Fahrers im Pkw und auf dem Motorrad

einer Standardabweichung von 6° (72° - 84°) sehr klein und kann daher zu Krampferscheinungen führen.

Der Hüftwinkel des Motorradfahrers ist mit 88° und einer Standardabweichung von 11° (77° - 99°) wesentlich kleiner als beim Pkw-Fahrer, bei dem ein Hüftwinkel von 100° - 115° angestrebt wird. Mit diesem Winkel soll die beste Annäherung an die normale Wirbelsäulenkrümmung und eine maximale Entspannung der Muskulatur erreicht werden /6/. Beim Motorradfahrer ist eine entspannte Oberkörperhaltung bei vorwiegend nach vorne geneigtem Rumpf nicht möglich. Hierbei ist sogar eine stärkere Belastung der Wirbelsäule wegen der eingeschränkten Federwirkung der Bandscheiben bei gekrümmtem Rücken zu erwarten.

Vergleicht man die Armhaltung des Motorradfahrers mit der des Pkw-Fahrers, so stellt man fest, daß der Motorradfahrer im Gegensatz zum Pkw-Fahrer mit relativ weit gestreckten Armen fährt. Der Oberarm-Rumpf-Winkel ist beim Motorradfahrer mit 64° und einer Standardabweichung von 13° (51° - 77°) mehr als doppelt so groß wie beim Pkw-Fahrer, bei dem ein Winkel von 28° physiologisch als optimal betrachtet wird. Auch der Ellenbogenwinkel ist beim Motorradfahrer mit 157° und einer Standardabweichung von 18° (139° - 175°) deutlich größer als beim Pkw-Fahrer, bei dem der optimale Ellenbogenwinkel zwischen 105° und 115° liegt.

In diesem Zusammenhang ist es wichtig zu erwähnen, daß das Fahren mit gestreckten Armen aus physiologischer Sicht grundsätzlich abzulehnen ist, da eine Entspannung des Hand-Arm-Systems sowie eine schnelle Reaktion und eine ausreichende Kraftübertragung auf das Lenkrad bzw. den Lenker nicht möglich ist /14/.

Diese Ausführungen lassen eindeutig erkennen, daß die Körperhaltung des Motorradfahrers wesentlich ungünstiger ist als die des Pkw-Fahrers, die nach relativ umfangreichen medizinischen und arbeitsphysiologischen Erkenntnissen festgelegt wird. Die Motorräder sind außerdem für die körperlich kleine Fahrerpopulation von der Sitzbankhöhe her nicht geeignet.

Eine weitere Betrachtung der Arbeitsbedingungen am Motorrad-Fahrerplatz zeigt, daß auch diese im allgemeinen erheblich schlechter sind als die am Pkw-Fahrerplatz.

So ist der Motorradfahrer einer sehr hohen Schwingungsbelastung ausgesetzt, die nicht nur sein Wohlbefinden beeinträchtigt, sondern auch zu einer Verminderung seiner Leistungsfähigkeit führt /15/. Die auf der Sitzbank auftretenden und in den Fahrerkörper eingeleiteten hochfrequenten Schwingungen können unter ungünstigen Bedingungen zusätzlich auf das Nervensystem negativ wirken. Dies kann sich in der Verminderung der Eigenreflexe, der Sehschärfe und der Abnahme der Konzentrationsfähigkeit äußern.

Zusammen mit den negativen Wirkungen der mechanischen Schwingungen sind noch die äußeren Umwelteinflüsse wie Wind, Regen und Spritzwasser, Sonnenstrahlung und Staub zu berücksichtigen, die die physische Belastung des Motorradfahrers zusätzlich erhöhen.

6. Zusammenfassung und Ausblick

Die Verbesserung der Fahrzeugsicherheit stellt eine der wichtigsten Entwicklungsziele zukünftiger Kraftfahrzeuge dar. Ein großer Beitrag zur Erhöhung der aktiven Sicherheit kann durch eine ergonomische Anpassung des Fahrerarbeitsplatzes an den Menschen und seine physischen und psychologischen Gegebenheiten geleistet werden. Ausgangspunkt für die ergonomische Gestaltung des Fahrerplatzes ist dessen geometrische Auslegung entsprechend den Maßen des Menschen und deren Variationsbreite. Hierfür ist die Kenntnis der für den Arbeitsplatz charakteristischen Sitzposition und Körperhaltung unerläßlich.

Die Sitzposition und die Körperhaltung des Motorradfahrers, die die Grundlage für jede ergonomische Motorrad-Fahrerplatzgestaltung darstellen, sind bis jetzt wissenschaftlich nich umfassend untersucht worden. Als erster Schritt in diese Richtung war es daher Ziel dieses Forschungsprojektes, den Istzustand der Sitzposition und der Körperhaltung der Motorradfahrerpopulation für repräsentative Fahrerplatzkonfigurationen zu bestimmen und zu dokumentieren.

Um dieses Ziel zu erreichen, wurden im Rahmen umfangreicher photographischer Messungen die Sitzpositionen und die Körperhaltungen vieler Motorradfahrer erfaßt und ausgewertet. Mit Hilfe einer speziellen Motorrad-Meßpuppe wurden weiterhin die Sitzpositionen und die Körperhaltungen der Fahrerpopulation von der 5%-Frau bis zum 95%-Mann simuliert und die dazwischen bestehenden biogeometrischen Zusammenhänge untersucht.

Ausgehend von den anthropometrischen Daten und den relevanten Bewegungsmöglichkeiten des menschlichen Körpers sowie den geometrischen Abmessungen der auf dem deutschen Markt angebotenen Motorräder wurden in der ersten Projektphase eine neuartige Motorrad-Meßpuppe und eine universelle dreidimensionale Meßvorrichtung konstruiert und gebaut.

In der zweiten Projektphase wurde zunächst anhand definierter Kriterien für die vier wichtigsten Motorradgattungen, die sportlichen Tourenmotorräder, die Chopper, die Enduros und die Leichtkrafträder, jeweils ein repräsentatives Motorrad zur Durchführung der Untersuchungen ausgesucht. Auf diesen Motorrädern wurden anschließend sowohl im Fahrversuch als auch im Labor die Sitzpositionen und die Körperhaltungen vieler Motorradfahrer durch die Ermittlung der Lagen der charakteristischen Körperpunkte sowie der Winkel zwischen den Körperteilen photographisch erfaßt. Mit der Motorrad-Meßpuppe wurden anschließend ebenfalls unterschiedliche Simulationsmessungen zur Untersuchung der Abhängigkeit zwischen der Sitzposition und der Körperhaltung durchgeführt.

In der dritten Projektphase wurden alle erfaßten Meßwerte mittels mehrerer digitaler Rechenprogramme ausgewertet. Danach konnten die Lagen der charakteristischen Körperpunkte für jeden der vier untersuchten Fahrerplätze durch entsprechende 95%-Körperpunktellipsen mathematisch eindeutig beschrieben werden. Die Abhängigkeit der Körperpunktlagen voneinander sowie die der Körperhaltung von der Sitzposition konnten genau definiert werden.

Die Untersuchungsergebnisse und der abschließende Vergleich der Körperhaltungen des Motorrad- und des Pkw-Fahrers führten zu dem Ergebnis, daß die heutigen Motorräder eine medizinisch und arbeitsphysiologisch ungünstige und unkomfortable Körperhaltung erzwingen, und daß sie aufgrund ihrer großen Sitzbankhöhen für die körperlich kleine Fahrerpopulation ungeeignet sind. Die Betrachtung der Arbeitsbedingungen am Motorrad-Fahrerplatz zeigte weiterhin, daß diese im allgemeinen erheblich schlechter sind als die am Pkw-Fahrerplatz.

Ein wichtiges Ziel zukünftiger Forschungsaktivitäten auf dem Gebiet der Motorrad-Ergonomie muß es daher sein, sowohl vorhandene Probleme hinsichtlich Arbeitsplatz und -bedingungen als auch mögliche Problemlösungen aufzuzeigen und sie im Hinblick auf ihre Realisierungsmöglichkeiten zu untersuchen.

Nach der Erfassung des Istzustandes der Sitzposition und Körperhaltung des Motorradfahrers ist es sehr wichtig, die subjektiv komfortable Sitzposition und Körperhaltung für die breite Fahrerpopulation zu erforschen. Es muß dem Motorradfahrer die Möglichkeit gegeben werden, unabhängig von einer vorgegebenen Motorrad-Fahrerplatzgestaltung, seine subjektiv komfortable Sitzposition und Körperhaltung und damit die Lage und die erforderlichen Verstellbereiche der dieser beeinflussenden Parameter wie Sitzbank, Fußrasten und Lenker selbst zu bestimmen. Dies kann z.B. mit Hilfe eines modifizierten Motorrades bzw. einer motorradähnlichen Meßapparatur untersucht werden, bei der Sitzbank, Fußrasten und Lenker in bestimmten Bereichen verstellbar ausgeführt sind.

Weiterhin ist es wichtig zu untersuchen, inwieweit subjektiv komfortable Sitzpositionen und Körperhaltungen aus arbeitsphysiologischer Sicht und auch im Hinblick auf die Schwingungsbelastung des Fahrers günstig sind.

Der Einfluß der Sitzposition und Körperhaltung in Verbindung mit der geometrischen Auslegung des Motorrad-Fahrerplatzes auf den Unfallablauf, insbesondere auf die Flugbahn des Motorradfahrers beim Aufprall auf ein Hindernis, ist im Hinblick auf die passive Sicherheit von besonderer Bedeutung. Um diesen Einfluß zu untersuchen, ist eine Zusammenarbeit von Ingenieuren und Medizinern unerläßlich.

Zusammenfassend kann festgestellt werden, daß zur Anpassung des Motorrad-Fahrerplatzes an den Menschen noch umfangreiche und vielfältige Untersuchungen erforderlich sind. Die durchgeführten Untersuchungen können dabei als erster Schritt in diese Richtung betrachtet werden.

7. Literaturverzeichnis

/1/ Bönsch, H.W.
Einführung in die Motorradtechnik
Motorbuch Verlag, Stuttgart 1978

/2/ Burandt, U.
Ergonomie für Design und Entwicklung
Verlag Dr. Otto Schmidt KG, Köln 1978

/3/ DIN 33402, Teil 2
Körpermaße des Menschen; Werte.

/4/ Helling, J.
Kraftfahrzeuge III, Umdruck zur Vorlesung
Aachen 1980

/5/ Hochmuth, G.
Biomechanik sportlicher Bewegungen
Wilhelm Limpert-Verlag GmbH, Frankfurt 1967

/6/ Keegan, J.J.
The medical problem of lumbar spine flattening in automobile seats
SAE 838 A , Detroit, Michigan 1964

/7/ Klein, W.; Dieckmann, D.; Hartung, E.; Dupuis, H.
Biogeometrische Zusammenhänge zwischen Körperhaltung und Sitzanordnung für Fahrer und Fahrgäste in Personenwagen
Fortschrittsberichte der VDI-Z, Reihe 12, Nr. 23
VDI-Verlag GmbH Düsseldorf 1973

/8/ Lehmann, G.
Zur Physiologie des Liegens
Arbeitsphysiologie, Bd. 11
Springer Verlag, Berlin 1940

/9/ Lessing, H.E.
Das Fahrradbuch
Rowohlt Taschenbuch Verlag GmbH, Reinbeck bei Hamburg 1978

/10/Motorrad 3/80 und 4/81
Motor-Presse-Verlag GmbH & Co KG, Stuttgart 1980/81

/11/Motorrad 13/80
Motor-Presse-Verlag & Co. KG, Stuttgart 1980

/12/Motorrad-Katalog 1980
Motor-Presse-Verlag & Co. KG, Stuttgart 1980

/13/Müller, E.A.
Die günstigste Anordnung im Sitzen betätigter Fußhebel
Arbeitsphysiologie, Bd. 9, Springer Verlag Berlin 1936

/14/Preuschen, G., Dupuis, H.
Körperhaltung und Sitzgestaltung des Kraftfahrzeugführers
Ergonomics, Vol. 12, Nr. 2

/15/Reß, L., Röhl, E.
Schwingungsuntersuchungen an Motorrädern
Institut für Kraftfahrwesen, RWTH, Aachen 1979
Institutsbericht DA 516

/16/Rizzi, M.A.
Die menschliche Haltung und die Wirbelsäule
Hippokrates Verlag, Stuttgart 1979

/17/Roe, R.W.
Describing the drivers work space-eye, head, knee and seat position
SAE-Paper 750360 (1975)

/18/Russe, O.A.
Taschenbuch der Gelenkmessung
Huber Verlag, Bern 1975

/19/SAE J 941 e
Motor vehicle drivers eye range
SAE-Recommended practice 1978

/20/SAE J 826 b
Devices for use in defining and measuring vehicle sealing accomodation
SAE-Standard 1974

/21/SAE-J 985
Vision factors condiserations in rear view mirror design
SAE-Information report 1967

/22/SAE J 963
Anthropomorphic test device for use in dynamic testing of motor vehicle
SAE-Recommended practice 1968

/23/Schoberth, H.
Sitzhaltung-Sitzschaden-Sitzmöbel
Springer Verlag, Heidelberg 1962

/24/StVZO, Par. 35b
Richtlinien für die Sicht aus Kraftfahrzeugen

/25/Straßer, H.
Lehrbuch der Muskel- und Gelenkmechanik, Bd. I
Julius Springer Verlag, Berlin 1913

/26/Tittel, K.
Beschreibende und funktionelle Anatomie des Menschen
Fischer Verlag, Stuttgart 1974

/27/VDI-Richtlinie 2780
Körpermaße als Grundlage für die Gestaltung von Sitzen und Arbeitsplätzen
VDI-Verlag GmbH Düsseldorf, 1971

/28/VDI-Richtlinie 2782
Empfehlungen für die Gestaltung von Fahrzeugführersitzen in Kraftfahrzeugen
VDI-Verlag GmbH Düsseldorf, 1971

GPSR Compliance

The European Union's (EU) General Product Safety Regulation (GPSR) is a set of rules that requires consumer products to be safe and our obligations to ensure this.

If you have any concerns about our products, you can contact us on ProductSafety@springernature.com

In case Publisher is established outside the EU, the EU authorized representative is:

Springer Nature Customer Service Center GmbH
Europaplatz 3
69115 Heidelberg, Germany

Batch number: 10584556

Printed by Printforce, the Netherlands